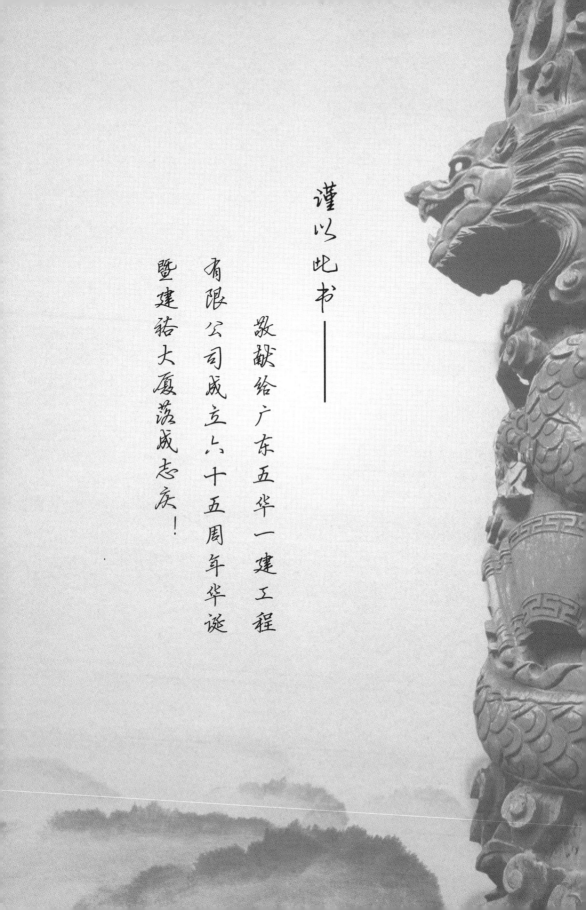

谨以此书——

敬献给广东五华一建工程

有限公司成立六十五周年华诞

暨建祐大厦落成志庆！

匠事随笔

魏安能 编著

华南理工大学出版社
· 广州 ·

图书在版编目(CIP)数据

匠事随笔/魏安能编著. —广州:华南理工大学出版社,2015.3
ISBN 978 - 7 - 5623 - 4585 - 5

Ⅰ.①匠…　Ⅱ.①魏…　Ⅲ.①社会科学 - 文集　Ⅳ.①C53

中国版本图书馆 CIP 数据核字(2015)第 057901 号

匠事随笔

魏安能　编著

出 版 人：韩中伟

出版发行：华南理工大学出版社

（广州五山华南理工大学 17 号楼，邮编 510640）

http：//www. scutpress. com. cn　　E - mail：scutc13@ scut. edu. cn

营销部电话：020 - 87113487　22236386　87111048 （传真）

责任编辑：朱彩翩

印 刷 者：广州市新怡印务有限公司

开　　本：787mm×1092mm　1/16　印张：13　字数：213 千

版　　次：2015 年 3 月第 1 版　2015 年 3 月第 1 次印刷

定　　价：38.00 元

序　言

建筑是凝固的音乐，是流动的史诗。本书的作者魏安能同志就是在这音乐和史诗中熏陶出来的一位基层作者。

音乐是动听的，诗歌是美丽的，建筑工地工匠们的劳作，谱写了一首又一首完美的乐章，也熏陶着更多的劳动者。

《匠事随笔》这本书，把能工巧匠们零散的人和事，有机地串接起来，呈现在读者面前；它凝聚着作者和工匠们的聪明与智慧，辛劳与汗水。

当《匠事随笔》这本书的文稿摆在我案头时，我似乎闻到了建筑土地的"香"土味，恍如置身于喧嚣的工地现场，这使我有了撰写序言的想法。

《匠事随笔》共分为企业，综合，安全、文明施工，简讯，图片新闻，人物，石雕工艺，闲情，理论、探讨等九篇。题材广泛，内容丰富，信息量大，图文并茂。书中介绍了当地企业发展史。五华一建作为县级企业，在历史的长河中，历经了六十多年的风雨，能够发展到今天实属不易；五华石雕已被公布为广东省第二批非物质文化遗产，《西汉南越王墓的石雕艺术》等文章，将其神韵、工艺技术等作了简略的介绍，其风采可见一斑。广州圣心大教堂，当初由五华县石匠建造，前些年大修，又由五华一建施工，实属巧合。他们在修复技术中采用了不少新的石雕工艺，使其建筑质量和造型更加完美。

质量安全是企业永恒的主题。近日，住建部印发了《建筑工程五方主体项目负责人质量终身追究办法》，强化工程质量终身责任制。《办法》对施工单位提出了更高的要求，它意味着施工企业所承包的工程，必须都是正品、精品才行。

序　言

　　《匠事随笔》中的文章，据了解都在《广东建设报》、《广东建设经纬》等十多家报纸杂志上发表过。可见作者在编撰这本书时，是认真、细致、严谨、执着的，没有发表过的文章不会随便编进去。这些文章发表时，我正在广东建设委员会主持工作，往事历历在目。魏安能同志当时也是《广东建设报》和《广东建设经纬》的通联站成员，为广东省建筑业的发展做了大量工作。

　　作者魏安能同志长期在基层施工企业工作，现仍供职于广东五华一建工程有限公司。他经受了多年的基层历练，长期与普通劳动者接触，因此才能品味到建筑工人在工作、生活中的甜、酸、苦、辣。加上他勤于笔耕，善于学习，兴趣广泛，具有一定的文字功底，所以，才能使《匠事随笔》这本书体现出源于基层，贴近生活，文笔朴实，无造作，接地气，符合广大建筑行业职工们口味的特点。

　　《匠事随笔》的出版，倍感欣慰，因为建筑行业此类题材的书甚少。书中的这些文章，有如散落盘中的珍珠，当你一粒一粒把它串起来，就成了精美的工艺品。期望魏安能同志有更多、更好的作品问世！

　　是为序。

2014 年 11 月于广州

（广东省建设委员会原主任、广东省土木建筑学会名誉理事长）

目 录

第一篇 企业篇

傲立改革开放潮头，勇于拼搏，敢当先锋的五华一建、五华二建、五华建筑设计室，用坚定的信念，唱好安全主旋律，勇敢前行，攻克难关，摘取了累累硕果，实现了质的飞跃，书写了历史新篇章，发出了时代的最强音。

第二篇 综合篇

追忆往昔，五华一建创下了赫赫战功：维修广州圣心大教堂、修葺中共广东区委旧址、修复大元帅府、修复狮雄古塔、修复从化广裕祠堂、重建大元帅府门楼、整饰黄埔军校旧址、承建黄埔区机关综合办公大楼（荣获 2000 年建筑工程鲁班奖）、重修巴斯墓地、修葺增城万寿寺大殿……

目　录

目 录

第三篇　安全、文明施工篇

....

　　文明施工是安全生产的保证,安全生产促进工程质量的提高。获广州市安全生产先进集体称号的五华一建公司牢牢树立"全员管理、安全第一"的思想,强化安全意识,始终把安全生产当作一件大事来抓,并屡获殊荣:中国外运黄埔工地被树为广州市文明样板工地,广州港务局综合楼、解放村宿舍双双荣获文明工地称号……

....

目　录

第四篇　简讯篇

　　本篇汇聚了五华建筑业的朵朵浪花，这些浪花悄悄地改善人们的生活：安居的大厦、有深远意义的文物、固堤防洪工事、为出行提供方便的道路、粮库等，令我们的生活如此美好！我们由衷地感谢那些为社会进步做出贡献的人。

目 录

第五篇 图片新闻篇

发黄的图片，记录着昨天的峥嵘岁月，为天下造广厦，你们事业多么美好！

一个个建筑工程，表明你们的成绩不菲。

获奖名单上有你们的名字，你们为此骄傲。

目　录

第六篇　人物篇

　　事在人为，五华一建取得如此辉煌的成绩，离不开"领头羊"们的出色贡献，他们勇于开拓、敢于创业的精神，深深地影响着身边的人，限于篇幅，在此只列几位模范。榜样的力量是无穷的，时刻给人以振奋的力量，不待扬鞭自奋蹄。

目　录

第七篇　石雕工艺篇

石雕，以其端庄、典雅、古色古香的形象，丰富的文化内涵引人入胜，使人流连忘返。创造石雕的人，是能工巧匠，更是美的使者。五华石雕有400多年历史，现已列为广东省第二批非物质文化遗产名录。

第八篇　闲情篇

生活的富足，在于有一双善于发现美的眼睛，本篇通过作者入微的观察和细心体会，把自己的喜悦之情，洋洋洒洒倾注于笔端，先后介绍云南石林、雁南飞、灵山胜境、侏罗纪恐龙世界、昆明"三道茶"……

目　录

第九篇　理论、探讨篇

　　秉承文明施工、安全生产的原则，本篇从建筑施工的安全性出发，展开有关方面的理论和实践的探讨。

第一篇

企业篇

　　傲立改革开放潮头，勇于拼搏，敢当先锋的五华一建、五华二建、五华建筑设计室，用坚定的信念，唱好安全主旋律，勇敢前行，攻克难关，摘取了累累硕果，实现了质的飞跃，书写了历史新篇章，发出了时代的最强音。

写在四十五岁生日之前

——五华一建公司发展纪实

魏安能　万新建

成立于1950年的五华县第一建筑工程公司（以下简称一建公司），昔日是全县经济最落后的集体企业，如今一跃成为实力雄厚的公司。企业的经济效益、社会信誉，令同行刮目相看。

改革开放以前，一建公司技术、管理落后，经济包袱沉重。公司成立后30年，年年亏损，办公场地简陋，社会信誉低下，工资和办公费靠贷款，工程业务寥寥无几，至1981年累计欠债50万元，企业濒临倒闭。

尽管处境艰难困苦，但一建公司仍然创造了许多不可磨灭的业绩，坚持靠精心施工、过硬的技术、优质的服务，跨省市、出国门，以勤劳灵巧的双手，点缀美化人间。南昌市的"八一起义"纪念碑、湖南资兴煤矿建筑物、海南的通什公路、天安门广场的玉带河拱式桥都是五华一建公司的建筑佳作；在越南的青龙河石拱桥、几内亚的科巴甘蔗农场水库、刚果的布昂扎水电站和赞比亚的亚塞曼公路等工程建设中有一建工人付出辛勤汗水。石艺奇葩、争妍斗艳，一建人巧夺天工的石雕技艺更是令人叹为观止：五华水寨石拱大桥、花城海珠广场解放军石雕、越秀山五羊石雕，以及各种造型的石狮等，技艺精湛、闻名遐迩，令人叹服。

改革开放的春风，给一建公司带来生机。原来计划经济，统筹安排生产的格局逐渐被按幢号包干的承包责任制取代；原来"连、排、班"的建制被优化组合、按劳取酬的形式替换；工程业务拓展到广州、湖南、江西等地，敢与外面的强手比高低。

抓企业内部经营机制改革，落实各项经济责任制度，企业由生产型向生产经营型转变；投资20万元搞基础建设，建立了企业的发展基地；健全了职代会制度，加强了民主管理，逐步建立了以岗位责任制为中心的各项规章制度；调整了不合理的生产管理结构，加强劳动管理，抓质量、抓劳动纪律，企业出现喜人景象……

1985年建安产值218.1万元，税利6.6万元；

1986 年建安产值 222.1 万元，税利 9.7 万元；

1987 年建安产值 430 万元，税利 18.9 万元。

1988 年初，新经理周焯权上任以后，通过调查研究，迅速做出了调整生产经营体制，转换企业经营机制，狠抓企业经济效益，提高企业整体素质等一系列重大决策，使一建公司走上新的发展之路。

一是树立精神支柱，增强企业凝聚力。新任班子提出："人穷不能志短，艰苦创业，爱我企业，用自己的双手改变公司的落后面貌。"一方面对干部职工开展企业发展史教育、传统教育、热爱集体教育，同时扎扎实实地为公司职工办好事办实事：兴建 5 幢 60 套职工集资房、30 多间门店解决职工住房和家属就业问题；投资 80 万元兴建了 2 000 平方米的办公楼。

二是扩大企业施工队伍，改革内部经营管理体制。公司以发展企业主体施工队伍为主、社会施工队为辅的经营策略，对施工队实行"统一领导、分级负责、独立核算、自负盈亏"的承包经营方针，不断深化企业内部改革，强化经营管理，走内涵发展的道路。公司派出管理人员对各施工队采取施工前预测、在建工程成本分析、工程结算效益分析、工程业务技术指导等措施，工程业务迅速拓展到广州、惠州、宝安、龙岗、河源、梅州等地，设立了分公司。现有在册工人 2 983 人，公司直辖建安、市政、桩基础施工队和古建筑维修队共 118 个，成为企业的主体力量、技术中坚和经济支柱。

三是大力培养人才，推进技术进步，提高企业整体素质。为提高科学管理水平，企业舍得智力投资，从 1990 年以来投入教育培训费 78 万元。目前公司管理人员中，大中专毕业生占 70% 以上，有技术职称人员 225 人，有技术岗位证人员 163 人。

四是狠抓工程质量安全工作。一建公司近年来硕果累累。荣获省优良样板工程的五华县委办公大楼，以及县城中行、农行、邮电、工厂、教学大楼等誉满琴江河畔；荣获广州市优良样板工程的黄埔外运公司综合大楼，以及只用 78 天建成的建筑面积为 23 500 平方米、造价 7 500 万元的广东现代俊慧学校等，令建筑同行大为赞赏；建成的惠州市司法大楼、检察院办公楼等饮誉惠州；新中电站、乐平大桥载誉河源；宝安的宝丰山庄、溪头花园、桃花源宾馆等为特区建设增添光彩；英德蓬莱寺塔、五华长乐学宫等古建筑修复还其原貌；以及佛山城雕、珠海渔女石雕、从化"北回归线标志塔"、广州西汉南越王墓博物馆浮雕等，令人赞不绝口……近年来，他们所承建的工程质量验收合格率达100%，优良率逐年上升。一九五九年以来，公司连续三十五年无重大伤亡事故，连年被省、市、县安全管理部门评为安全生产先进单位。

五是引入竞争、激励机制，增强企业活力。公司为充分调动干部职工积极性，发挥其聪明才智，制定了一系列奖励办法，如获省级或市级优良样板工程的单位，重奖5万元和3万元给施工队长和有关人员。每年对效益好、贡献大的施工队进行奖励。公司还制定了干部能上能下的人事制度，对干部提升、工资、奖金、福利拉开档次。给管理人员增加压力，彼此不断对比竞争，激励管理人员认真学习，提高业务技能。

四十五年的风风雨雨，四十五年的艰难创举，洒下了一建人多少心血和汗水？近年来公司建安产值、税利逐年递增。

1992年建安产值4 109万元，税利225万元；

1993年建安产值8 768万元，税利460万元；

1994年建安产值1.16亿元，税利600万元。

1994年实现产值、税利比1980年分别增长113倍和100倍，一建公司强化企业管理的经验多次在市、县有关工作会议上介绍及在市县传媒中报道。

晋升为二级企业以后，一建人"如虎添翅"。1994年，他们在广州承接了三幢高层建筑工程：广州黄埔外运公司办公大楼20层19 192平方米、造价4 300万元；省机电设备综合大楼19层23 500平方米、造价3 500万元；省质检中心实验大楼21层24 830平方米、造价3 500万元。其中黄埔外运公司办公大楼是建设单位择优录取指定要由五华一建公司承建的。目前公司在建工程量超亿元。

五华一建还朝着多元化的企业路子发展。他们利用企业的技术、资金、人员的实力，相继成立了综合贸易发展公司、设计室、房地产开发经营部，成为建、工、贸综合发展的企业。

（稿件来源：《广东建设报》，1995年9月22日。）

浓墨重彩绘蓝图

——记五华建筑设计室

吴振雄　魏安能

建筑是凝固的音乐，设计是凝固音乐的体现。漫步五华县城水寨镇，但见一幢幢造型新颖别致、富有时代感的建筑物拔地而起，把山城点缀得分外妖娆秀美。这些杰作都凝聚着五华建筑设计室广大科技人员的智慧与汗水。

该室在 1981 年初成立之时，设备简陋，成绩平平。经过 10 多年的不懈努力，设计业务发展到惠州、梅州等地。设计出一批楼层不高质量高、造价不高效益高、面积不大功能大的佳作。钢屋架结构跨度 27 米的华城玻化砖厂、面积 1.2 万平方米的华城前和市场、20 米跨的龙村影剧院、30 吨吊车的五华变压器厂总装车间、楼高 10 层标高 41.3 米的五华交警培训中心、新颖挺拔的五华建设大厦以及荣获省优良样板工程的五华县委办公大楼等。累计完成设计项目 1 572 个，建筑面积 212 万多平方米。1995 年 1 至 8 月份完成设计收入 56 万元，比 1994 年同期增加了 56.6%。在 1987 年和 1991 年省建委组织的抽检中，分别荣获全省 29 个抽检单位设计质量第三名和梅州市 20 个抽检单位第二名。最近经上级主管部门核准，在梅州市同级设计室中率先晋升为乙级设计单位。

搞设计业务，只有靠实力、质量和科技进步，才能创作出好的作品，创造更多的财富，该县政协副主席、设计室主任、高级工程师陈达宗如是说。

——优化配置人员。主要从三方面努力：一是鼓励进修，凡取得大专以上学历者给予学费、书杂费补助；二是更新知识，经常组织参加省市的各类学术活动和短期培训，近年已选送 10 多人次参加业务学习。公费给业务人员人手二份专业杂志；三是严格选才，压缩行政事务人员，侧重吸收了一批具有大专以上学历的专业人才。目前拥有建筑、结构、给排水、电气、暖通、建筑经济和工程地质等专业人员 39 人，其中高级人员 7 人，大专以上学历 14 人。

——严格科学管理。按照"经济、实用、美观"的原则，对每一项设计项目，都坚持按照实地勘察、甲方意见、初定方案、专人绘制、组长审查、主任审定的程序进行。有效地保证了设计质量。

——更新高新设备。近年投入 20 多万元，添置了 286 微机 2 台、486 微机 4 台、电脑平板绘图机 2 台，以及全自动无氨晒图机、电脑打字机、钻机和经纬仪、水准仪等高新设备，提高了工作效率。

——拓展业务市场。设计业务发展到惠州、梅州等地，设计了惠阳、惠东年产 6 万吨和 4 万吨的水泥厂 3 个；惠州、梅州 6 层商住楼等。

——坚持回访制度。经常到原用户单位征求意见，不断总结经验教训，向创优创新迈进。

（稿件来源：《广东建设报》，1995 年 11 月 3 日。）

创优争先　鸿图大展

——县一建二建公司饮誉广州深圳

谭长明　魏安能

近日，县建委在广州、深圳召开创优争先施工现场会。县施工企业负责人、项目经理、建工、质监和工程技术人员共 32 人，参观了一建、二建承建的高层建筑，开阔了视野，增强了信心，为今后更加扎实有效地开展"创优质、保安全、争鲁班"活动擂响了战鼓。

一建自 1956 年进穗以来，完成了一批具有时代特征的佳作：评为优良工程的广州北回归线标志，是目前世界上最高最大的南北回归线标志；英德口洸蓬莱寺塔修复，是迄今广东省内古塔修复工程质量最好的一个；80 天建成，建筑面积 23 500 平方米的俊慧学校，受到社会各界的好评；西汉南越王墓等石雕工艺，巧夺天工，久负盛名；中国外运黄埔公司住宅楼被评为广州市优良样板工程；1994 年承接的 20 层中国外运黄埔公司综合楼已于 1995 年 10 月 26 日顺利封顶，比原计划提前 2 个多月，工程质量达到优良标准。1995 年 8 月被评为广州市文明施工样板工地，在广州市 3 700 多个工地中成为佼佼者。

二建诞生于改革开放年代，在深圳特区已奋斗了 10 多个年头。近年承建了立信南方机械（宝安）有限公司 21 层住宅楼，于今年 7 月封顶，工程质量符合设计要求；由深圳建设局奖给议标工程的 15 层深圳西湖企业发展公司西湖大厦，已于 1995 年 5 月动工；特别是立信南方机械（宝安）公司 5 层染整厂房，首层占地 12 000 平方米，地下室工程施工时，碰到市政管道纵横交错、原河道在此经过等困难，他们优化管理，精心施工，如期竣工，评为优良工程。该公司还被深圳市建设局授予 1990 年创建卫生城市、1993 年清水河爆炸"8·5"抢险、1994 年"安全施工"先进单位等称号。

一建、二建同在 1993 年晋升为二级企业，1992 年共创三项优良样板工程，填补了梅州市无样板工程的空白。他们的共同点是，以创优质工程为依托，致力于科技进步，走"质量兴业"之路；在企业内部建立起一套横向到边、纵向到底的质安保证体系和质量全面管理体系；实行项目法施工，施工现场规范化、标准化管理，从而使质量、安全、效益同步发展，为企业赢得了社会信赖和树立了良好的形象。

（稿件来源：《五华政报》，1995 年 12 月 1 日；《广东建设报》，1995 年 12 月 1 日。）

质量是生命　安全奠胜局

——小记五华一建深圳分公司

魏安能

　　五华一建深圳分公司成立于 1987 年冬。创办之时，名不见经传。近年来，该公司切实加强自身建设，一步一个脚印，企业有了长足发展，完成的产值、创税利逐年递增，在深圳特区初露头角，小有名气。该公司被宝安区政府评为 1994 年、1995 年安全施工表扬单位；1995 年质量管理表扬单位；1995 年 11 月份施工企业清理大检查考评为合格企业，并核发了施工企业"安全资质证书"。据笔者了解，该公司能在深圳特区站稳脚跟，关键是打好"质量"和"安全"两张牌。

　　其一，打好"质量"牌。首先推行以工程项目为单位的优良目标管理。根据施工队伍的素质条件来确定质量目标，规定每个月的 20 号为"质量安全日"，对工程项目采取自检、互检、交叉检方法，促进质量提高，并完善质保资料。如建筑面积 18 200 平方米的桃花源宾馆、17 290 平方米的动力科技（深圳）有限公司等工程，被当地建设部门评为优良工程。其次是做好基础工作。公司经理带头参加规范标准学习，熟悉施工及验收规范、规程和地方主管部门颁发的质量文件，严格试验、检验制度，落实质量管理责任制，形成"为用户服务、预防为主、一切用数据说话、讲求经济效益"等质量管理的运行机制。第三是严格执行"一标二规范"的施工要求。各项目部开展质量小组和消除质量通病活动，经当地主管部门三次抽查，评价较高。近年工程质量合格率 100%、优良率 50%。1995年 3 月竣工的宝安山庄，被评为宝安区首个优良工程。

　　其二，打好"安全"牌。主要做到四落实：①组织落实，确定公司经理为安全第一责任人，各项目部有专职安全员，公司管理层有 3 人取得深圳市建设局颁发的安全主任资格证，自上而下形成安全管理网络；②制度落实，坚持每月"质量安全日"活动。每个施工队配备有照相机，违反安全操作规程的，一一拍照记录在案，辅以经济手段处罚，发生事故坚持"三不放过"的原则，从而提高了安全意识和自我防护能力；③安全教育落实，经常开展多层次的安全教育工作，工人经三级安全教育合格后方准上岗，管理层内已取得安全员资格的每年要接受继续教育 15 天以上；④保险落实，为职工办理了"四险"（养老保险、人身保险、医疗保险、工伤保险），维护了职工的合法权益，激发了职工安全生产的自觉性。年度实现"五无"（即无死亡、重伤、火灾、中毒、坍塌），近年安全事故频率均控制在 4‰以下。

（稿件来源：《广东建设报》，1996 年 9 月 27 日。）

以质兴业再腾飞

——五华一建广州公司发展纪事

谭长明　魏安能

　　四十年光阴在历史的长河中是短暂的，而五华一建广州公司在这样短暂的光阴里经历了从传统工艺到新工艺，承接的建筑从小跨度到大跨度、从低层到高层的创业发展历程。它曾一度濒临撤并，如今社会效益和经济效益取得显著成效，引起同行瞩目。

　　1956年秋，在广州东山区与郊区接壤的一角，"广州五华水寨建筑石业合作社"诞生了。八十多名石雕艺人开始艰苦营生。在当时生产力落后的情况下，他们发扬五华人吃苦耐劳精神，凭着精湛的石雕技艺，为美化城市建设留下不少不朽佳作：广州烈士陵园墓道和中苏血谊亭、北京天安门广场平台石、广州越秀公园五羊石像、江西南昌"八一"纪念碑浮雕、广州海珠广场解放军像、珠江海滨公园渔女、广州从化北回归线标志塔、广州动物园欢乐世界雕塑、佛山铁军公园陈铁军汉白玉像。

　　二十世纪八十年代，改革春潮涌动。该公司开始实行全面质量管理，在企业内部进行"百年大计　质量第一"、"为用户服务"等思想教育。在此期间，完成了省委101人防隧洞工程、海印大桥人工挖孔桩、江村铁路编组站路基、省建行装饰、西汉南越王墓博物馆等技术高、大跨度、大面积的工程。但是由于还受传统思想的束缚，施工产值还在几十万元、数百万元之间徘徊。说来令人难以置信，该公司直到1987年冬才领到广州市的营业执照，严重制约了事业的发展。

　　二十世纪九十年代，伴随着计划经济—商品经济—市场经济的变革，施工企业推行项目法施工，对工程质量提出了更高的要求，赋予新的内涵。总公司审时度势，及时调整充实了广州公司的领导班子，致力于科技进步，实施"质量兴业"战略，在强化工程质量，实行全员管理方面进行不懈努力。

　　推行以创优质工程为目标的质量活动。做到三个第一位：各级领导把提高工程质量摆在第一位来抓；工程技术人员把工程质量放在管理工作第一位来管；每个工人把工程质量放在操作过程的第一位来做。

在工程项目整体施工中，坚持把"基础和主体结构经得起查、内外装修经得起看、交付竣工后经得起用"作为考核工程质量的主要依据。

改变过去质量抽检为全面检查，分部分项工程的实测、目测为全方位评定质量，大力消除质量通病。

完善技术、质量、安全、文明施工、原材料检验和工程技术档案等制度，一切用数据说话，作为年终考核的主要指标。

各类专业人员优化配置。直到 1996 年 12 月，拥有中级职称人员 12人，初级职称人员 38 人，项目经理 41 人，中级施工员、质安员、预算员等 40 多人，五大工种和特殊工种人员持证上岗人数占 55% 以上。

管理出效益，实现了预期目标。中国外运黄埔公司车库住宅楼被评为广州市 1992 年度优良样板工程，在公司的创业史册里书上浓重的一笔。

由此带来的"效应"价值，是不能用货币来衡量的。1994 年下半年 3幢高层建筑相继动工：省质检中心实验楼 21 层、中国外运黄埔公司综合楼 20 层、越秀北路越豪大厦 19 层，施工面积 6.8 万平方米，施工产值上亿元。1996 年 12 月 3 幢工程进入装修阶段，基础（地下室）和主体结构均被评为优良工程。1994 年 9 月，80 天建成 23 500 平方米共 9 幢的广东现代俊慧学校，得到社会各界好评。

值得一提的是，广州边检站天河东站营运新基地，该公司自 1993 年下半年中标进入施工，三年来共完成 3 幢 9 层 16 788 平方米的后勤、宿舍楼和附属工程，造价 2 000 多万元。工程质量一幢比一幢好，甲方的评价一幢比一幢高。在竣工验收会上，与会者给予恰如其分的评语：该工程质量堪与一级企业媲美。

质量与效益是成正比的。该公司从 1990 年以来完成施工产值、以创税利年均 15% 的速度递增；工程质量优良率由过去的 35%，提高到 56%；今年被广州市安委会授予"一九九四年、一九九五年安全生产先进集体"称号；中国外运黄埔公司综合楼被评为"十五佳文明建设工地"等殊荣；多年被授予"先进集体"、"纳税先进单位"等称号；连续六年被梅州市政府授予"重合同、守信用"单位……

（稿件来源：《广东建设报》，1996 年 12 月 29 日；《广东建设经纬》，1997 年第 8 期。）

花红叶茂又一年

——五华一建一九九五年完成产值，创税增幅大

魏安能　万新建

在国家宏观调控、建筑市场疲软的情况下，五华一建转换机制，更新观念，优化管理，质量、安全、效益、信誉同步发展，1995 年完成施工产值 1.43 亿元，比 1994 年同期增长 27.3%；创税、利分别比上年同期增长 20%、69.8%；全员劳动生产率 4.5 万元/（人·年）；结转 1996 年工作量 1.49 亿元。精神文明建设再上新台阶，荣获县建设系统先进单位、先进职工之家等殊荣。

五华一建何以能在数年来的建筑低谷中崛起？主要是：

唱好质量安全主旋律。质量是永恒的主题，安全没有休止符。该公司能根据市场变化，抓质安工作年年有新招。以创优质工程为依托，实施"质量兴业"战略。系统修编了"一建公司工程质安保证体系"和全面质量管理、大力消除质量通病的运行机制；完善工程技术档案，一切用数据说话；做到隐蔽工程有签证，道道工序有检查，总体质量有保证。譬如县内的安流电厂（深圳市与五华的挂钩扶贫项目）、由旅港乡贤田家炳先生捐资 400 万元建设的"田家炳中学"、交警培训中心住宅小区、中国人民银行综合楼等主要项目实行优良目标管理。全公司工程优良率 40.8%、合格率 100%。田家炳先生和深圳电力公司都认为像这样扎实负责抓管理的公司确实少见。

重塑企业形象，靠信誉占领市场。市场是企业赖以生存发展的基础，而要占领市场就要有好的市场信誉。为此该公司侧重抓好驻外施工队的管理。在穗承建三幢高层建筑中，把树立企业形象和信誉列入项目部的主要工作内容，总公司多次召开施工交流会，推动创优争先。其中两幢已顺利封顶，主体结构和地下室达到优良标准，现已进入全面装修阶段。21 层的省质检中心已升至 19 层框架；越秀北路 89 号综合楼（19 层）首次采用砼泵送技术，保质安全，提高工效，比原计划提前 1 个月封顶；中国外运黄埔综合楼（20 层）按省优目标管理，1995 年 8 月份被树为广州市文明施

工样板工地，被广州市建委、城监大队录成文明施工专题片宣传推广。

深圳分公司加强自身建设，当地主管部门三次抽查均评价较高。造价398 万元的宝丰山庄宝丰楼被评为宝安区第一个优良工程，1995 年 11 月份施工企业清理大检查中被考评为合格企业，并获得了施工企业"安全资质证书"。

狠抓整体提高。高素质才能带来高效益，知识就是力量。在提高素质方面进行各种努力。依时完成企业资质就位工作，资料翔实，量大质高，得到好评；认真抓好一二级项目经理上报工作；通过培训等渠道不断充实中初级工程技术人员。从而使企业整体素质起了质的变化，人员优化配置，为早日上等级创造条件。

进行系列改革。一是工资制度改革，突出"德、能、勤、绩"，实行动态管理；二是改革用人机制，量才用人，给能者创造展现才华的机会；三是劳动制度改革，100% 办理了劳动合同手续；四是财务制度改革，清理债务 160 笔，管理费回收率 95%，经费支出比 1995 年同期降低 20.9%，仅县城就节约开支 15 万多元。

（稿件来源：《广东建设报》，1996 年 3 月 5 日；《梅州日报》，1996 年 3 月 11 日。）

默默耕耘育新苗

——记五华一建幼儿园

魏安能 李庆敦

　　五华一建幼儿园被评为全县部门办园的首家一级幼儿园，成为该县部门办园的典范。

　　新年伊始，笔者前往一探虚实，所见所闻，令人信服。该园占地 880 平方米，其中有幼儿教室、办公备课室、半托卧室、厨房；另有约 500 平方米的幼儿娱乐活动场，内设电动欢乐世界、碰碰车、摩托车、滑梯、木马和沙池等。

　　走进园内，在悠扬的电子琴伴奏下，一群天真烂漫的幼儿在做各种游戏，或玩耍，或嬉戏，或追逐，或做体操，或念儿歌……在园内转了一圈，见四周墙壁粉刷一新，窗明几净，各种教学图具依次挂列，幼儿卧室被帐折叠得整齐划一。

　　据介绍，该园创办于 1992 年 9 月，现有教师 8 人，其中中师毕业生 3 人，开设大、中、小共 4 个班，并设半托，入园人数约 120 人。在短短的 3 年多时间内，该园能取得较大成绩，首先是总公司的重视和支持，把办好幼儿园作为公司关心职工生活的一项重要工作来抓，选拔一名组织能力较强和教学经验较丰富的中师毕业生担任园长。近年投入 20 万元对幼儿园进行全面改造，添置教学用具和娱乐玩具等。坚持"服务、安全、卫生、教育"的办园方向，以"幼儿教育纲要"为指南，根据幼儿心理和智力的不同特点，耐心细致做好启蒙教育工作。不断改进教学方法，经常进行生动有趣的舞蹈、唱歌、朗诵、书画、智力竞赛等活动，多次获得本系统和县属幼儿园文艺演出评比的表扬奖励。规范工作行为，制订和健全了考勤、财务、膳食、卫生保健、安全等制度和园长、任课老师、值日老师、班主任、保健人员等岗位职责 10 种之多。各种文档资料分门别类整理成册。笔者随意翻了 1 本体格检查记录，办园以来的幼儿身体状况均一一记录在案。切实做好卫生保健工作，幼儿园伙食花色品种多样化，严格执行卫生保健制度；配备了卫生保健箱、消毒柜、开水桶、专用洗手面盆；定期组织教职工和幼儿体格检查，积极配合卫生防疫部门做好预防接种工作，办园以来没有发生安全事故。

同行的总公司经理周煌权告诉笔者，拟筹建一幢 400 多平方米的幼儿综合楼，使幼儿园的条件进一步改善。

（稿件来源：《广东建设报》，1996 年 3 月 26 日。）

同唱哥俩好　双双升一级

——五华一建、二建近年业绩骄人

魏安能

近日，五华县委县政府分别在深圳、广州召开五华一建、二建晋升一级企业暨年终总结表彰会，通报表彰了 12 个先进集体、76 个先进施工队（项目经理）。

五华一建、二建公司分别成立于 1950 年和 1980 年。改革开放以来，他们以创样板工程为依托，实施质量兴业战略，近年来创出了 3 项省优良样板工程和 1 项广州市优良样板工程；今年拟申报优良样板工程 2 项；质量优良率由过去的 35% 上升到 49%；施工产值突破亿元大关；连续九年被梅州市、五华县政府授予"重合同守信用"单位。这两家公司同在 1993 年升为二级企业，去年 8 月又双双潇洒步入一级行列，成为梅州市施工企业的佼佼者。

五华二建深圳公司近年来接二连三完成了一批难度大的优良项目：框架 15 层的西湖大厦、21 层的立信南方机械（宝安）公司宿舍以及西湖公司坪地住宅楼、皇岗村综合市场、南水村西苑街住宅楼群等，受到当地政府和主管部门的好评。

五华一建广州公司在高层建筑施工方面交出了一份份令人满意的答卷：1997 年竣工验收的高 21 层的省质检中心实验宿舍楼、20 层的中国外运黄埔公司综合楼均被评为优良工程，外运黄埔综合楼拟申报优良样板工程。在建的 19 层的省机电公司越豪大厦，基础（地下室）和主体结构被评为优良工程，近期可望竣工。造价 8 000 多万元、高 15 层的黄埔区机关综合楼近期顺利平顶。

同时，安全文明施工成绩不俗：中国外运黄埔公司综合楼、广州港务局解放村宿舍、新港港务公司综合楼、黄埔区政府机关综合楼等工程荣获广州市文明施工工地和"美化名城"十五佳先进单位等殊荣，广州公司被市安委会授予"1994 年、1995 年安全生产先进集体"称号。

（稿件来源：《广东建设报》，1998 年 1 月 10 日。）

营造温馨的家

——小记五华一建工会

魏安能　李庆敦

　　五华一建公司工会认真执行《工会法》和《劳动法》，维护和保障职工合法权益，充分发扬职工当家做主的精神，有力地促进了企业的两个文明建设，最近被五华县总工会授予"先进职工之家"称号。

　　"爱岗敬业、创优争先"是该工会多年来劳动竞赛的主题。通过劳动竞赛，倡导艰苦创业和勤劳俭朴的企业精神，增强了职工的主人翁责任感，促进了生产发展。在去年建筑市场疲软的情况下，完成产值1.58多亿元、创税利946.9万元，分别比上年同期增长1.53%、11.8%；工程质量合格率100%，优良率45.7%。

　　加强自身建设，发挥职能作用。工会内部先后建立了经费审查委员会、女工委员会和劳动争议调解委员会等职能部门，职工入会率达92%。工会积极参与企业的民主管理，定期召开职代会，听取和评议公司的工作计划和总结。认真做好工会经费上缴工作，完成了与企业签订集体合同工作，协调稳定了职工与企业的劳动关系，企业职代会通过了二级达标验收。

　　用先进的事迹激励职工。通过组织职工参观孔繁森、陈观玉等先进事迹展览会和职业道德及精神文明建设思想教育，树立职工热爱祖国和无私奉献的人生观，形成了学政治、学法律、学文化、学技术的风气。

　　为职工排忧解难进行不懈努力。工会设立了困难职工基金会，以多渠道筹措资金。切实做好职工家属子女就业和解困工作，每年召开退休工人座谈会，并送上慰问金或物品。

　　该公司多年荣获先进单位、文明企业、安全生产先进单位等殊荣。

（稿件来源：《广东建设报》，1998年5月13日。）

第二篇

综合篇

追忆往昔，五华一建创下了赫赫战功：维修广州圣心大教堂、修葺中共广东区委旧址、修复大元帅府、修复狮雄古塔、修复从化广裕祠堂、重建大元帅府门楼、整饰黄埔军校旧址、承建黄埔区机关综合办公大楼（荣获 2000 年建筑工程鲁班奖）、重修巴斯墓地、修葺增城万寿寺大殿……

奇迹是建筑工人创出来的

魏安能

八十天前，这里还是一座山丘；八十天后，一座现代化的学校已建成开学。这所奇迹般出现在人们面前的学校，是南粤首座国际标准学校——广东现代俊慧学校。这一奇迹的创造者，是来自粤东山区梅州市五华县一建公司的建筑工人们。

俊慧学校位于广州市与佛山市南海区交界处风景秀丽的泌冲湖畔，占地面积 75 亩，建筑面积 23 500 平方米，总投资 1 亿元，土建部分投资 5 000 万元。校园体现中西文化特色，集校园、乐园、花园于一体。工期规定，80 天内，必须完成幼儿部、小学部、教学楼、宿舍、饭堂等工程，建筑面积 2.35 万平方米，每逾期一天，罚款 100 万元。而按照常规，建设工期至少要 280 天。

面对工期紧，工艺要求高，不预付备料款，逾期重罚等"苛刻"条件，不少施工队伍望而却步。驻广州分公司的五华一建市政施工队长陈茂定，素以敢打硬仗著称，他经过市场调查，反复论证，毅然决定承接此项工程。

工程自 1994 年 6 月 30 日奠基，即进入了快节奏、高速度、高效率的运转之中。工程投入压路机、挖掘机、砼输送泵、搅拌机、卷扬机、提升架、砂浆机等施工设备 120 台（件），开挖基础土方用挖掘机，工效成倍增长；聘请监理工程师现场办公，隐蔽工程现场验收签证，使用商品砼免于试块检验，减去了诸多繁文缛节；施工中采用逆作法、网络法、流水作业、立体交叉作业等施工方法，从而极大地提高了劳动生产率。小学部综合楼框架 6 层，6 700 平方米，7 月 10 日开始捣制桩承台，采用交叉流水作业，装模布筋同步进行，以平均 6 天一层的速度推进，至 8 月 20 日完成主体框架封顶。

为确保工期，投入 1 200 多人，分成八个施工队，采用流水作业施工。对急、难、重等工程项目，在人员安排上进行科学合理的调配。幼儿部西式古堡建筑，情调活泼，是施工难度最大的建筑。项目经理部对八个施工队进行反复比较、论证、权衡，最后选定施工二队负责施工。该队不负众望，按期保质完成任务。经综合评定，该工程项目合格率达到85%。

工期紧，要求高，建立质量、安全保证体系尤为重要。为保证砼强度等级，不惜花本钱与三个砼搅拌站签订协议，保证砼按时供应。负责小学部施工的瓦工班，为赶工期忽视砌体质量。经检查有40多平方米室内间墙砂浆不饱满，有通光重缝等质量通病，坚决拆了重砌。教学楼外墙镶贴条形锦砖，个别部位颜色不均匀，平整度、垂直度、分格缝达不到优良标准，检查发现后铲掉重新镶贴。由于强化质安检测手段，整个工程没有发生工伤事故和工程质量事故。经检测，砖墙砌筑合格率达到92.5%，外墙镶贴块料合格率达到86%。

9月18日上午9时，校园上空气球飘扬，彩旗招展，俊慧学校开学典礼如期举行。与会的省、市领导，各界人士对学校的建设速度无不表示惊叹。时任广州市常务副市长陈开枝赞叹说："真是奇迹，确实了不起。"

奇迹，是建筑工人创出来的！

（稿件来源：《广东建设报》，1994年10月4日。）

五华一建改革工资制度

魏安能

经过半年的试行，五华一建从今年开始在企业内部全面实行工资分配制度改革。在实施改革方案中，突出"德、能、勤、绩"，工资由基础工资、岗位技能、经济效益、责任风险等诸要素组成。同时严格掌控工资总额增长率、职工平均工资增长率低于经济效益增长率和劳动生产率增长率的原则。据统计，改革后比原来增加工资25%左右。具体运作是：

——基础工资。按行政、业务、技术、后勤等工种，分为一、二、三级，以档案工资为基数的25%和工龄工资每年1元两大部分组成。

——岗位技能工资。由工会、行政、财会、职工代表组成考评小组，根据个人技术水平、业务能力、工作优劣等因素评定，实行动态管理，一定一年。约占工资的45.5%。

——效益工资。根据总公司年初计划经济指标，分解到各下属单位，分别按1.40%、3%提取，约占32.80%，避免了年初下达计划任务时讨价还价现象。

——职务、职称工资。分高级、中级、助理级、员级、在岗无证等五种，20～120元不等，促使大家认真学习科技知识，奋发向上，获得技术职称。

——责任工资（又称风险工资）。对总公司正副职和分公司正职分成若干档次，未完成经济指标或发生责任事故，则扣除风险责任工资，重新核定岗位。

（稿件来源：《广东建设报》，1995年6月30日。）

五华颁发《建设工程施工招标管理办法》

魏安能

为规范建筑市场和招标投标制度，最近，五华县人民政府颁发了《五华县建设工程施工招标管理办法》。该办法分总则、招标工程范围、管理机构与职责、招标、投标、标底的确定和评标定标、罚则、附则共 8 章 43 条。

该办法规定，参加招标施工企业应具备的条件是：①具有法人资格；②拥有与建设工程项目相适应的工程技术、经济管理人员；③具有编制招标文件和评标、定标的能力；④凡持有营业执照和相应资质证书的该县施工企业以及在该县登记注册的外来施工企业，均可申请参加与其技术资质等级和该县建委核定的营业范围相适应的建设工程招标。

该办法还规定，凡在该县行政区域内属国有和集体所有资产的新建扩建和改建工程项目，建筑面积 1 500 平方米以上或工程造价 100 万元以上的工业与民用建筑，200 万元以上的能源、交通、市政和水利建设工程项目，均实行招标投标；县建设委员会是施工招标的主管部门，对该办法实行检查和监督；该办法自 1995 年 9 月 1 日起施行。

（稿件来源：《广东建设报》，1995 年 6 月 30 日。）

混凝土泵送技术前景广阔

魏安能

　　由五华一建承建的广州越秀北路 89 号综合楼，首次采用混凝土泵送技术，加快了工程进度，已于去年底顺利封顶，比原计划提前了 1 个月。经当地质监部门核准，地下室和主体结构为优良工程。

　　该工程框架 19 层（其中地下室 1 层），建筑面积 23 230 平方米，工程造价 3 400 万元。工地三面紧邻住宅区，前面为越秀北路，临设用地不到 150 平方米，场地狭窄。项目经理部几经修改施工方案，最后确定采用砼泵送技术和商品混凝土。自 1995 年 6 月 30 日完成底板、桩承台、地下室剪力墙等工作内容后，以平均 7 天 1 层的速度推进，共完成混凝土浇捣 7 180 多立方米，受到建设单位好评。

　　混凝土泵送技术有如下优点。一是能有效地保证工程质量。因为各混凝土搅拌站都经过主管部门严格资审，自身有一套完整机构。二是有利于散装水泥的推广，减少环境和噪声污染。三是可以减少场地占用，解决闹市施工场地狭窄的问题；若现场拌制混凝土仅材料堆放最少需占地 200 多平方米。四是有利于文明施工。由于现场无须搭设水泥仓库，无大量砂石堆放，避免了尘土飞扬，保持场容整洁。五是能减轻劳动强度，实现安全生产，中间省去了诸多人拉肩扛的传统工序，该工程自进场以来杜绝了重伤事故。六是缩短工期，按原方案为 9 天 1 层，现在缩短到 7 天 1 层。

　　（稿件来源：《广东建设报》，1996 年 1 月 19 日。）

糅合古今　修旧如"旧"

——五华长乐学宫大成殿重现昔日风采

魏安能

五华长乐学宫大成殿经过一年多的精心修复，最近已重现昔日风采。从修复效果来看，"手法上修旧如旧、形制上保持原状、工艺上继承传统、技术上糅合古今"，从而受到了省、市文管部门和专家学者的一致好评。

长乐学宫位于现五华县华城镇五华中学内，始建于明成化五年（1469年），为当时嘉应州（现梅州市）规模最大的学府。清代，长乐学宫重修，沿袭宋代《营造法式》形制，但仍保持粤东客家地区明代木构建筑的特色。1989年6月，长乐学宫仅存的大成殿被列为广东省文物保护单位。但是，由于历经数百年的风风雨雨，大成殿显得残破不堪，满目疮痍。为此，省文管会将其列入重点抢修项目，先后下拨47万元经费，再加上县内贤达人士捐资40万元，全部用于修复大成殿。

为确保高质量严要求完成任务，县里成立了修缮委员会，从1994年10月进入实质性修复阶段。首先，完成了勘察、文字、照相、临摹等原始资料前期工作；接着，聘请华南理工大学古建筑专家邓其生教授为技术顾问，编制科学细致的施工方案，并由实力雄厚、有古建筑修复经验的五华一建组织一支精干的修缮队，开始修复工作。

严格选材是确保工程质量的首要条件。为此，修缮队精心挑选修复大成殿所需的各种材料。斗拱、梁架等木构件采用江西林场的上等老杉木；仿明勾头、滴水、筒瓦和双龙戏珠等，专门到佛山石湾陶瓷厂按样定做；花岗岩须弥座、抱鼓、望柱、栏杆等就地取材，充分发挥五华石工的传统工艺。

斗拱复原是整个修复过程的难点之一。为保持原大成殿斗拱单翘三昂九踩式样，修缮队在拆除斗拱时详细研究斗、升、拱、翘、昂、枋等构件的榫卯连接方法、尺寸、等分、度数等，并逐件记录编号，使其复原后更显得精致繁巧，华丽疏朗。

屋顶瓦面的修复则是整个修复工程的最重要部分，大至桁条、椽板、望板、飞檐、栋脊、剪边、角梁等 10 多处的修复，小至砂浆的使用都需要十分讲究。如揭瓦前拍照，必须校准坐标、定位、放线、大样；平铺时严格要求控制行距，望瓦采用搭七留三法，高跨比按 1：4；同时，还专门挑选有美术功底的技术人员，精心调配传统颜料，绘出色彩鲜艳、光彩夺目的彩画。

修复后的长乐学宫大成殿重现昔日光彩：红墙黄瓦，相得益彰；屋檐斗拱，层层出跳，彩绘缤纷，雍容华贵；屋角起翘，自然流畅，给人以朴素、典雅的美感。

（稿件来源：《广东建设报》，1996 年 5 月 10 日；《广东建设经纬》，1996 年第 11 期。）

创优质　保安全　争鲁班

——五华建设局组织施工企业经理参观在建工程

魏安能

为深入开展"创优质、保安全、争鲁班"活动，实施质量兴业战略，优化管理，推动全县建筑业再上新台阶，日前刚挂牌运作的五华县建设局组织施工企业经理、项目经理等 30 多人，前往广州参观五华一建、二建的在建工程。建设局副局长赖家俊、钟定云等领导参加。

五华一建承建的黄埔外运综合楼，框架 20 层，19 192 平方米，曾荣获广州市文明施工样板工地和文明施工十佳等多项殊荣；黄埔区政府机关综合楼，框架 15 层，35 515 平方米，已完成 6 层框架。这两个项目确立省优目标管理，深受各方好评。

五华二建承建的航天奇观航空馆，造型新颖别致，技术工艺要求高，引起参观者的兴趣。

（稿件来源：《广东建设报》，1997 年 10 月 8 日。）

广州港务局职工宿舍工程招标记

魏安能

广州港务局解放村职工宿舍工程的招、投标工作，其严谨的工作作风，高效的组织能力，公平的竞争精神，令人啧啧称道。

该工程项目建筑面积 5 394 平方米，招标工作分三个阶段进行。

第一阶段，邀建招标。经该市招标中心同意，由广州港务局主持招标工作。对各施工企业的资质审查后，分别邀请了广东中南物业公司、化州六建、开平二建、黄埔建总、五华一建、广东长城、潮阳建安、广通建筑等 8 家公司参加，专门召开招标会议，发出招标文件和施工图纸。对招标内容及要求、承包方式、标价编制依据、执行定额、材料价差处理办法、评标原则及时间安排等均一一交代清楚。如统一按三级（乙）计费，预算包干费按 1.5% 取定等，便于投标单位计算。

第二阶段，咨询阶段。相距发出招标文件 5 天后进行。参加投标单位代表，向招标单位提出咨询，主持招标单位耐心详细作答，并由招标单位综合各公司意见，用书面形式作补充说明。

第三阶段，评标阶段。由港务局基建处、监察处、黄埔区建委、建行等组成的招标小组成员、工作人员和竞投单位代表共 20 多人，按照招标文件规定，各竞投单位将投标书密封，加盖单位公章，当面交给招标小组。其中有一家公司密封袋上未写上"××工程投标书"和投标单位名称等字样，招标小组当场要求其进行补写。逐个"验明正身"后，当场开标。8 家公司的标价、三大材料用量等显示在大黑板上。根据招标文件规定，去掉 1 个最高价和 1 个最低价，剩下 6 家报价总和除 6，即为平均标底价。按穗建法［1995］245 号文规定，标价浮率 +2%、−3%，最接近下限者为最佳标价。五华一建、潮阳建安下浮率分别为 −1.70%、−1.76%，为入围单位。接着，招标小组在另一间小会议室对入围单位的施工方案、工期、质量实绩、企业信誉进行综合评议，然后进行无记名投票表决。结果，五华一建公司以 4∶3 票中标，标价为 3 158 396.68 元。这样，历时 13 天的广州港务局解放村职工宿舍工程招标工作画上句号。

（稿件来源：《广东建设报》，1996 年 9 月 20 日。）

公平竞争　运行规范

——从化七大灌渠改造工程招投标侧记

魏安能

"根据投标规则，从化市七大灌渠改造工程 36 个中标段施工队如下……" 当工程副总指挥肖志军以抑扬顿挫的声音宣布竞标结果时，参加投标的各位代表都心悦诚服地露出了笑容。

1996 年 9 月 25 日上午，从化市七大灌渠改造工程招标投标会议在该市市委礼堂举行。主席台上，党徽、国旗、大红横额在鲜花映衬下，显得分外夺目，透出庄重肃穆的气氛。市委书记沈耀之、市长朱炳烈在会上讲了话。

这次招标工程包括东灌渠、西灌渠、右灌渠、沙溪灌渠、茂墩灌渠等五大灌渠，总长约 120 公里，计划投资 4 500 多万元，划分为 36 个标段。每个竞投单位可任选 10 个标段，超过无效；在标书内只填写下浮率，与标底最接近的为中标者。如一个施工队有若干段中标，只能按先后顺序"录取"；计算方法采用"电脑输入排序法"。

到会的 217 个施工队当场填写标底，依次从右至左将标书投入设置在主席台上的大箱内。与此同时，10 个招标小组成员在主席台上填写标底，其平均数即为各段准确标底。投标完毕后，由公证处工作人员在众目睽睽之下开锁，取出各施工队标书输入两台电脑内。上午 11 时多，开始进行电脑统计、排列、打印、校对等工作，直至下午 2 时许，电脑将数据全部处理完毕。台上台下参加会议的人员均静候在会场内，检察院的监标人员一直在旁监督。电脑显示其中有 2 个标段出现相同标底，公证处工作人员当场主持抽签确定，并对这次招投标过程中的文件、中标施工队的签字等公证后生效。最后，由该市纪委书记、工程副总指挥肖志军宣布中标结果，36 个标段"名花有主"。

这次招标，透明度之高，竞争之公平，运行之规范，堪称楷模。

（稿件来源：《广东建设报》，1996 年 10 月 18 日。）

五华城乡建设进入"快车道"

吴振雄 魏安能

五华建委按照"一稳、二上、三新、四提高"的工作目标，团结拼搏，开拓进取，1996 年全系统完成产值 3.3 亿元，创税利 1 664.4 万元，分别比上年同期增长 3% 和 6%。

——建筑业在低谷中奋起。企业实行创优争先，靠信誉占领市场，业务发展到湖南、湖北、河南、浙江、新疆、福建等地。完成建安产值 2.82 亿元，全员劳动生产率 4.13 万元，工程质量合格率 100%，优良率 38.10%。一建在穗承建的中国外运黄埔公司综合楼荣获广州市"1996 年十五佳文明建设工地"称号，二建承建的中国工商银行五华县支行综合楼被评为 1995 年省优良样板工程。

——县城建设进入"快车道"。城市总体规划从目前的 29.7 平方公里扩大到 38.8 平方公里；小区规划总数增至 35 个，占总体规划的 88%；"四个二"工程中的二条大道和二座大桥已全线开通，"二个四"工程中的四个出口按计划逐步实施。

——村镇规划建设呈现新局面。南（安流）北（华城）两大镇的规划修编，前者已由县人大审定实施，后者力争今年实施。

——建筑设计再上新台阶。开展"敬业爱岗多做贡献"教育，增强了设计人员的事业心和责任感，提高了设计质量，建设大厦和县委大楼被评为梅州市优秀设计三等奖。

——房地产业稳步发展。深入宣传贯彻"一法五例"，推进"两证合一"工作；全年发证 2 365 份，办理危房鉴定 42 宗，房地产交易 92 宗，个人建房报批 215 份，维修旧房面积 1.47 万平方米；公园新村的市政建设不断完善。

——行业管理逐步走上法制化规范化轨道。先后成立了"招标投标"、"执法监察"、"查处质量低劣"、"房地产管理"等专门机构，促进了建筑市场和房地产市场有序发展。

（稿件来源：《广东建设报》，1997 年 4 月 8 日。）

五华一建今年开局良好

魏安能　李庆敦

进入 1997 年以来，五华一建出现良好开局，至目前为止，在县内承接了道路、桥梁、教学楼、河堤改造等 8 个工程项目，工程产值 6 300 多万元。为确保今年各项经济指标完成，他们侧重抓好四项工作：

一是继续抓好质量安全跟踪管理。增强全员质安意识，开展创优争先活动。对主要项目定人包干负责，解决技术难关。抓紧在穗承建的 3 幢高层建筑收尾工作和优良样板工程的申报。对获得优良样板工程的项目部给予收取管理费的 5% 奖励。

二是抓好多种经营。公司内的综合贸易公司、房地产开发公司、设计室、幼儿园、打字复印、高压洗车等产业，要有新的突破，逐步形成多元化发展的格局。

三是抓好用人制度的改革。根据"德、能、勤、绩"的用人机制，采取自荐、民主评议、择优录用的方式，实行竞争上岗制和工效工资责任制。

四是抓好精神文明建设和职业道德教育。艰苦创业、勤劳俭朴是该公司的企业精神，曾多次受到市、县主管部门的表彰和县电视台的报道，应继续发扬光大，形成"敬岗爱业、内强素质、外树形象"的企业新风貌。

（稿件来源：《广东建设报》，1997 年 4 月 18 日。）

迎春拜年　不忘创优

魏安能

近日，五华一建和黄埔建总在广州黄埔区政府机关综合楼工地，举行迎春拜年会，来自施工第一线的工程技术人员等 70 多人欢聚一堂。工程处负责人曾桓雄宣读了"五羊杯奖"、"质量奖"、"安全文明奖"的名单，给 50 多位施工员、质安员和班组长及后勤人员按等级发了奖金。

他还宣布，把黄埔区综合楼作为"鲁班"工程项目来管理，凡创出市样板、"五羊杯"、省样板、"鲁班奖"工程的施工员给予重奖。

像这样的拜年会，该工程处始于 1992 年，年年有新内涵，从而增强了凝聚力，取得了首届"五羊杯"1 项（市 86 中）、市优良样板工程 1 项（黄埔外运车库住宅楼）、今年申报省样板工程 1 项（黄埔外运综合楼）和广州港务局宿舍等优良工程 3 项及文明施工样板工地、文明施工工地6 个。

（稿件来源：《广东建设报》，1998 年 1 月 28 日。）

梅州加强施工现场管理

魏安能

最近，梅州市建委组织各县建设局长、质监站长、建工股长和施工企业经理共 50 多人，到广州参观了五华一建、梅州市建、丰顺韩江建安公司施工的高层建筑工地。此举旨在认真贯彻《质量振兴纲要》和《建筑法》，强化施工现场管理，努力使全市的工程质量、文明、安全施工登上一个新台阶。

五华一建承建的黄埔区政府机关综合楼，框架 15 层，建筑面积 35 515 平方米，去年底顺利平顶，现进入全面装修阶段。在施工中坚持"技术交底在前、施工在后、样板引路"的施工方法和奖优罚劣的激励机制，增强群体创优意识。基础和主体结构被评为优良工程。并根据目前质量情况，综合各方面意见，将原来的省样板质量目标管理调整为"鲁班奖"。

梅州市建与中国海外广州公司联营施工的锦城花园 A6 ～ A9 幢商住楼，框架 12 层，总建筑面积 18 200 平方米。被评为优良工程，拟申报 1998 年度市优良样板工程和"五羊杯"评选。

丰顺韩江建安公司承建的暨南花园，由 4 幢 30 层商住楼、29 幢 9 层住宅楼、学校等组成文化小区，总建筑面积约 25 万平方米。自 1994 年 11 月施工以来，已完成 29 幢 9 层的住宅楼和一所小学。4 幢高层建筑已进入收尾阶段，主体结构被评为优良工程。

（稿件来源：《广东建设报》，1998 年 3 月 18 日；《广州建筑业》，1998 年第 4 期。）

五华精心维修狮雄古塔

魏安能

广东省保护文物五华狮雄古塔最近动工维修。

狮雄古塔位于五华县华城镇塔岗区的狮雄山上,建于明万历四十年(1612),是古长乐八景之一,清乾隆五十九年(1794)和"民国"十五年(1926)两度修缮。该塔平面八角,占地130.6平方米,9层中空楼阁用青砖砌筑,高35.5米,塔内螺旋式阶梯143级,直通第7层,塔刹用生铁铸造呈葫芦状。

由于历经300多年的沧桑,狮雄古塔塔身倾斜,裂缝严重,显得"老态龙钟"。按照"修旧如旧、不改变文物现状"的原则,有关部门决定对该塔"强筋壮骨"。

经严格资审,由有古建筑施工经验的五华县第一建筑工程公司负责修复,华南理工大学古建筑专家邓其生教授被聘为总技术顾问。届时狮雄古塔所在地将辟为狮塔公园,成为五华的又一文化景区。

(稿件来源:《广东建设报》,1999年1月13日;《广东建设经纬》,1998年第12期。)

招投标行为亟须规范

魏安能

近年我省相继出台了建设工程招投标有关条例和实施细则，建设工程交易中心纷纷挂牌成立。但从运作情况来看，虚名多，实际成交少，相当多的工程仍是私下交易，明招暗定。如何体现招投标公开、公正、平等竞争的原则，维护建筑市场有序运行？我认为：

——转变政府职能。政府部门应集中精力抓宏观，依法监督管理市场，减少对建筑市场不必要的行政干扰，更不得直接参与招投标活动，影响主要工作。主管部门要做的是如何尽快培育和完善市场机制，具体工作应交由有形建筑市场按照市场规律运行。从根本上有效地防止不正之风和腐败现象的发生，杜绝"条子工程"、"人情工程"。

——提高招投标代理机构资质水平。招标代理机构代表业主行为，由于这些机构素质不一，在组织招标、评标、定标的整个过程中，仍存在许多不规范行为。尤其对招标文件编写，普遍存在文字表述模糊、随意性大、活口多等现象，忽略了合同条款和有关技术规范。

因此，招标代理等中介服务机构应从行政管理体系中分离出来，使之成为市场的独立主体，参与市场竞争。规范招投标代理行为，为社会提供优质服务，有利于提高招标覆盖面和自身的社会形象。

——改进评标办法。评标是整个招投标活动的主要环节，公正与否主宰着投标商的利益。各地的评标办法五花八门，广州通常采用百分制评标法。以土建为例，入围标价浮动率为 +2% 至 -3%，由于浮动率小，容易造成歪打正着的不公正现象，没有真正体现价格上的竞争。应实行工程量清单报价制，避免一家招标、多家编制预算的重复劳动。质量实绩分亦值得商榷。投标商为了争取分数，在自报质量标准时，都高于招标文件规定的标准。关于实际竣工验收能否达到质量标准，则没有明确规定。

——增强评标透明度。作为投标商迫切希望知道投标结果。但实际情况是开完标后，评标结果不得而知，难怪大家有猜疑，对交易中心存在不信任感。应允许未中标企业提出咨询，就像司法审判公开一样，这样有助于总结经验，提高评标质量。

（稿件来源：《广东建设报》，1999 年 4 月 7 日；《广州建筑业》，1999年第 4 期。）

现在是名副其实的建筑之乡了

——五华一建获鲁班奖座谈会特写

韩庆文　魏安能

元月 6 日，广州燕岭大厦会议室里，伴随着欢快的音乐，不时传出阵阵热烈的掌声，五华一建荣获"鲁班奖"工程暨年终座谈会正在这里举行。

创建鲁班奖工程——广州黄埔区机关综合办公大楼的项目经理曾桓雄非常高兴，幸福的笑容始终洋溢在他的脸上。身戴大红花的曾桓雄不仅被授予了一面绣有"荣获鲁班奖为我市争光"的锦旗，还被奖励了一台 34 寸、价值 2 万多元的大彩电，看着曾桓雄，参加会议的项目经理们露出了羡慕的目光。

曾桓雄却出奇地冷静，他说："创建鲁班奖，只是取得了一点成绩，还需要再接再厉，互相学习，取长补短，争取创出更多优质工程。"

五华一建获鲁班奖后，结束了梅州地区施工队伍没有创建过鲁班奖的历史。专程赶来的五华县县委、县政府的领导们也十分高兴，副县长张建华说："五华县是建筑之乡，有近 10 万人从事建筑业。五华靠打石头出了名，但是我们过去没有一级企业。现在，我们不但有了一级企业，而且创出了鲁班工程。五华是名副其实的建筑之乡了。"

（稿件来源：《广东建设报》，2001 年 1 月 10 日。）

广东 5 家企业获"文保"工程施工资质

魏安能

根据《文物保护法》、《文物保护法实施条例》及《文物保护工程管理办法》等有关法规，国家文物局最近发布首批文物保护工程勘察设计和施工单位资质。

广东获得文物保护工程施工资质的企业有 5 家，五华县第一建筑工程公司和岭南古建园林工程有限公司为一级；梅州市建筑工程公司和高州市建筑安装工程公司为二级；佛山市工程承包总公司为三级。今后凡从事文物保护工程勘察设计和施工，除建设主管部门颁发的相应资质外，还必须具备国家文物局颁发的资质证书。

（稿件来源：《广东建设报》，2004 年 3 月 26 日。）

令人心悦诚服的招标

——广州市黄埔区机关综合楼工程开标会目击记

魏安能

本月 20 日上午，黄埔区政府在黄埔区东苑会议室召开黄埔区机关综合办公楼工程开标会。参加开标会的有黄埔区区委、区政府、区纪委、区人大、区政协等部门和有关工作人员及参加竞投的施工企业代表共 50 多人。

九时，监标人员将标书在密封的箱内取出，并叫竞投单位法定代表人当场验证，然后逐一开标。不一会儿，各施工企业的报标价、浮动率、自报工期、质量等级一一显示在记分表上。然后按穗建法〔1995〕245 号文《广州市建设工程施工招标投标工作细则》规定，报标价与底标上下浮动率 +2% 至 -3% 为入围标价的原则。其中三家公司因报标价超出上限范围，被淘汰出局。广东一建、五华一建下浮率分别为 0.73% 和 0.94%，为入围单位。开标完毕后，竞投单位人员暂时回避。

据记者了解，该工程是一幢 15 层的现浇钢筋混凝土框架结构建筑物，建筑面积 35 515 平方米。是黄埔区五套班子和政府部门集中办公的地方，是黄埔区的象征。该区在工程发包上，曾经有过沉痛的教训，因此，决定把此项工程发包当作廉政建设的一件大事来抓。他们对参加竞标单位严格资审，然后确定黄埔建总、黄埔二建、化州六建、广东一建、五华一建等 5 家施工企业参加投标。最后，召开招标会、图纸咨询等会议。对评分依据和方法在招标文件中交代清楚，增强透明度。在距开标前 8 天各竞投单位将标书密封送招标管理办公室，统一装在箱内，贴上封条，再放进保险柜内。在这期间再确定标底价。这样，杜绝了泄密和不正之风的行为。

约 30 分钟后，评标小组根据招投标评分规则，对入围单位的工程造价、工期、质量实绩、企业信誉、施工方案（又分为技术措施、进度计划、平面布置、安全措施四项），逐项评分，并由监标人员当场宣布结果。五华一建以 108.48 分的优势中标，承包总价为 80 686 638 元。

这次招标，充分体现了公平、公正、公开的精神，使人心悦诚服。

（稿件来源：《广东建设报》，1997 年 3 月 28 日。）

黄埔区机关综合办公大楼创优纪实

魏安能

黄埔区机关综合办公大楼位于黄埔区大沙东路，框架 15 层，建筑面积 35 515 平方米，总高度 88 米（至塔顶）。平面呈半月形，立面为"品"字形，大半径 115.25 米，小半径 86 米。该工程由黄埔区建筑工程总公司、五华县第一建筑工程公司联营施工，黄埔区建筑设计院设计，1998 年 12 月竣工。共检查 10 个分部工程，优良率达 90%；质保资料 22 项均符合要求；观感得分率 92%；安全得分率 94.5%。评为 1999 年度省优良样板工程和广州市"五羊杯"奖，还荣获广州市文明施工工地等殊荣。

为确保创优目标实现，该项目部以"科学管理、精心施工、创时代精品工程"为指导思想，强化质量责任制。做到三个第一位：各级领导把提高工程质量摆在第一位来抓；工程技术人员把工程质量放在管理工作的第一位来管；每位操作工人都把工程质量放在操作过程中的第一位来做。坚持"技术交底在前、施工在后、样板引路"的施工方法。变静态目标管理为动态目标管理。

针对各分项工程的技术工艺要求，设立质量（QC）攻关小组，增强了群体质量意识。如外墙干挂烟熏闽江红花岗岩 9 200 多平方米，如此大面积为省内罕见。规格为（600～800）mm×1 050mm 不等。两名工程师分工主管此项工作，由富有施工经验的技术人员负责三个质量小组的具体工作。从基层清理、放线、石板加工、排板、螺栓定位、开槽、钻孔、拼装、抛光、清缝封胶等工艺流程都有严格的操作要求，与整幢建筑物达到和谐统一。又如楼地面坐砌 400mm×400mm 耐磨砖 28 500 平方米，由于每开间呈扇形，所以对 19 万多块砖都必须逐一磨边，不同规格的编号达 63 种，根据平面半径、弧度的大小反复进行模数计算，精确度保留小数点后 7 位数，最大磨边值为 1 毫米。这样保证缝隙均匀，弧线通顺，很难看出有切割的痕迹。又如天花石膏板，如按通常做法，会出现许多不规则的小角，既不美观又影响工程质量。采用特殊的"横线直竖线弯"施工方法，每个开间的每道横线加工成 14 块不规则的异型天花和不同规格的副龙骨，主、副龙骨按弧度不同的需要进行特殊冲孔拼装，确保一次成优。

安全文明施工是该工程贯穿质量活动全过程的一项主要内容。因此，该项目部十分注重对工人的安全文明教育，新工人通过至少过三级安全教育合格后才上岗，保持场容整洁，消除脏乱差现象。各工种人员持证上岗覆盖面达65%。

努力创造一个良好的工作环境，养成良好的文明施工作风，增进职工的身体健康，是提高工程质量的可靠保证。

（稿件来源：《广州装饰》，2000年第2期。）

增城万寿寺大殿通过验收

魏安能

万寿寺大殿位于广州增城市荔城镇凤凰山南麓，旧名法空寺，以供奉如来佛为主的殿堂。始建于南宋嘉熙元年（1237），后毁于元末战乱，明洪武十八年（1385）重建，清乾隆、嘉庆年间和1992年春重修。1989年6月公布为广东省文物保护单位。

大殿有明显的元末明初遗风和清代特征，方形平面，面阔三间11.8米，进深三间11.8米，建筑面积139平方米。十三架梁前后双步梁用四柱，檐柱、金柱为粗硕梭柱，紧凑稳重；柱子有举升、侧脚、收分，柱础为红砂岩方形，歇山屋顶，灰塑龙船正脊。

这次维修的主要项目，揭瓦重铺，重做脊饰，更换腐烂的桷板、桁条、檐柱；金柱补强加固；重做木格窗棂、大门；砖墙拆除重砌；地面重铺白泥大阶砖；替换已腐烂的梁架、斗拱、驼峰、雀替、封檐板等构件。木材选用菠萝格木制作。

维修中保留元明岭南建筑风格，保留后人合理的修缮信息，拆除添加的现代元素，适当恢复明代装饰特征，重在安全加固。装饰上赋予"万寿"含义，封檐板用佛教"万"字图案，正门隔扇裙板统一阳刻篆体"寿"字。维修由广东五华一建公司负责，经专家验评，质量评为良好。

（稿件来源：《广州建筑业》，2006年第11期。）

上海建筑工地印象

魏安能

1998年9月随广州市建筑业联合会赴上海考察建筑工地，参观了上海八建承建的力宝中心大厦和新世界大饭店、上海建工集团承建的金茂大厦、江苏南通建安总公司承建的船舶大厦、浙江中成建工集团（原绍兴三建）承建的综合体育馆、广东三建承建的绿园住宅小区等6个项目。其中3个荣获上海市"白玉兰"杯（1个申报鲁班奖），3个在建工程。

在参观了6个项目之后，上海建筑业同行的经验给我们留下了深刻的印象。

一、政府职能部门的重视。据了解，上海现有建筑工地2万多个。作为统管全市建筑业的职能部门，建管办、质监站、城管、卫生等部门责任重大而艰巨，但他们能密切配合，对工地现场实行综合治理。上海"白玉兰"杯的评选，每年控制在70个左右，宁缺毋滥；工地现场统一张挂由建管办编制的"八表二图"（项目工程组织机构、工程概况、安全生产六大纪律、工地卫生制度、防火须知、上海市民七不规范、十项安全技术措施、窗口达标要求、现场平面图、卫生包干图）和文明宿舍住宿制度（住宿人员轮流卫生值日）。同时辅之标化工地、文明工地、卫生防疫达标等评比活动。

二、现场标准化管理。我们所到的工地现场，都有一套较完善的科学管理方法。工地厨房瓷片贴到顶，扣板天花，不锈钢厨具将生、熟和半成品食品分开，饭菜单价上墙公布，花色品种有五六个；工人宿舍的脸盆架用钢筋焊制成货架式，照明线路用塑料管或线槽敷设；工地办公室的质量保证体系、安全保证体系、工期保证体系、文明施工保证体系和工程综合考评三级指标表（分为结构工程质量、装饰工程质量、安装工程质量、施工安全管理和工程质量保证材料等五大指标，每个指标下面又分成若干细则），使人一目了然。

力宝中心大厦外框内筒结构，38层（其中地下室3层），69 380平方米，地处繁华的淮海路。为实现标准化样板工地，项目部人员与经济效益挂钩、施工细部用照片上墙公布等方式；荣获上海市"白玉兰"杯的综合体育馆块料镶贴、排水明沟、女儿墙压顶防水、楼梯底滴水线槽等做法，给人以启发，使人心悦诚服。

三、以人为本的管理。我们参观的最后一个工地，是广东三建承建的绿园住宅小区，位于闸北区彭越浦河西侧，由7#～14#房组成，6层混合结构，建筑面积42 000多平方米。其整齐美观的外排山、醒目的材料堆放标志牌、宽敞的砖道路，使人耳目一新。

颇有"儒将"风度的项目经理梁亚寿介绍，他们在上海已摸爬滚打了12个年头。去年冬承接绿园小区，由于地处城乡接合部，工人外出闹事时有发生。项目部侧重员工的综合治理，丰富业余生活，工地开辟了多功能活动区和电视室、图书室等，经常利用电视录像，宣传质量、安全、文明施工等有关知识，陶冶工人的思想情操；在文明施工方面舍得投入，从场容布置、材料堆放、外排山、饭堂、工人宿舍、文娱设施等方面斥资200多万元，努力创造一个优美整洁的施工环境；经常开展"五比"劳动竞赛活动和"三抓、三查、一考评"制度，对先进班组和个人，奖给毛巾、牙膏等日用品，调动了创优争先的积极性。

四、在质量攻关和消除质量通病方面不断创新。广东省三建承建的绿园小区，窗台做成12厘米素砼防渗漏和PVC管预埋的两项工艺，受到上海市建管办好评，拟在全市推广。同时荣获上海市"卫生防疫优胜工地"、"标化工地"、"标化样板工地"、"优质结构工程"等多项殊荣。

虽然行程匆匆，走马观花，但上海建筑工地现场管理的科学性、规范化、标准化仍难以忘怀，值得同行学习和借鉴。

（稿件来源：《广州建筑业》，1998年第11期。）

佛山黄公祠演绎"大宅门"

——再现岭南药业兴旺景象

魏安能

佛山兆祥黄公祠修复工程,历时 6 个多月的"整容装扮",重新焕发出其雍容华贵的芳颜。并顺利通过验收,工程质量评为优良。

兆祥黄公祠位于佛山市福宁路的兆祥公园内,是著名中成药"黄祥华如意油"创始人黄大年(字兆祥)的祠堂。始建于清光绪三十一年(1872),于民国 9 年(1920)建成,历时 15 年。1989 年公布为佛山市文物保护单位。

黄公祠坐东朝西,东西长约 70 米,南北长约 55 米,占地面积 3 800 多平方米,占据了兆祥公园西侧的大半部分。祠堂的建筑平面布置为三进院落,中轴线上布置头门、拜亭等主体建筑。两侧对称布置厢房,二进与三进之

黄公祠内部构造

间有露天的巷道和主体建筑连接。除加建的三进为二层外,一进、二进为一层,均为砖木结构。建筑面积 2 263 平方米,跨度 14.48 米,高度 13.44 米。祠堂的修建采用青砖、大阶砖、花岗岩、热带木材(坤甸、菠萝格、杉木)、筒瓦等建筑材料,装修采用了石雕、砖雕、木雕、灰塑、彩绘等装饰工艺。整个建筑气魄宏大,设计精巧,装饰华美,体现了典型的岭南建筑风格。是佛山市的祠堂建筑中现存规模最大、形制最完美、装饰最丰富、极具代表性的祠堂建筑群。具有较高的历史、文化和艺术价值。

据负责修复工程的五华县第一建筑工程公司项目经理朱信文介绍。该

工程由广东国际工程设计有限公司完成修复设计，华南理工大学博士生导师关庆洲教授为技术总负责。文物维修大都是手工操作的"精细活"，切不能毛手毛脚，功夫要到位，注意原有文物的保护。材料选用是主要环节，要与原风

黄公祠外景

格、尺寸、位置、原状相吻合。否则，就会显得不伦不类。为了选好材料，先后辗转广州、中山、南海、怀集、四会等地。头门檐口上方两幅砖雕只有 0.7 平方米，且不说价格昂贵（每平方米 5 000 多元），有此手艺的工匠可谓凤毛麟角。几经周转，最后在南海西樵才找到。

技术难度最大的是头门修复。1985 年，一名部队战士学习驾车时撞断了左侧石柱，造成屋架及屋面坍塌，墙身三分之一倒塌、崩裂，岌岌可危。头门的墙体为干摆砖组砌（即"磨砖对缝"作法），常用于较讲究的墙体或较重要的部位。青砖的加工非常认真细致，每块砖要磨五个面，要经过切块→修边→粗磨→开槽→细磨等多道工序。根据黄公祠现状，青砖规格有 6 种，1 万多块青砖需砍磨加工，按规格码放整齐，然后按砖墙位置"对号入座"。组砌完后还要用砖面灰将砖表面残缺部分和砂眼填平，用磨石将砖接缝高出处磨平，再沾水将整个墙面糅磨一遍。最后用清水冲洗干净，以求得色泽和质感的一致，显出"真砖实缝"。

头门花岗岩石柱为每边 25 厘米的方柱，高达 6 米，刻有细腻的线槽。从广州柯木塱石场加工、装卸、运输至安装，都得小心翼翼。为确保万无一失，设想了好几个吊装方案。后来还是采用圆木搭成一个稳固的井字架、工作平台，用手拉葫芦与人力相结合，徐徐上升至预定位置，然后再吊装月梁。用了将近一个上午的时间。

后进三根屋脊大梁的拆换，也是修复工程的难点之一。大梁长达 6 米，直径为 40 厘米。既要保护好原有建筑，又要注意结构及人身安全。采取"偷桷换梁"法，将屋脊两边的桷板各锯去 50 厘米，留出 1 米的工

作面。脊梁分 2 次吊装，第一步吊至二层棚面，第二步由二层棚面再吊至屋面校正安装，然后重新安放桷板、盖瓦、作垄。这跟做颅内手术一样，先将头盖壳打开，清除颅内病灶，再装回盖壳、缝合。工程维修费用 180 多万元。

目前，佛山市有关部门正在多方收集佛药老字号的资料、图片，将黄公祠僻为——佛山中成药历史展览馆，再现当年"岭南中成药发祥地"鼎盛时期的兴旺景象。

（稿件来源：《广州建筑业》，2002 年第 4 期；《广东建设报》，2002 年 4 月 8 日。）

见证中国近代革命进程

——孙中山大元帅府修葺开馆

魏安能

国家重点文物保护单位——孙中山大元帅府纪念馆，经修葺一新后，于最近正式对外开馆，主要陈列《孙中山在广州建立政权展》、《百年帅府复原展》、《中山舰出土文物特展》、《广州旧影展》四大部分。

大元帅府纪念馆位于广州市海珠区纺织路东沙街 18 号。是孙中山先生 1917 年和 1923 年先后两次建立政权，就任海陆军大元帅的帅府。当年孙中山先生的"举护法旗

大元帅府南楼

帜"、"建立护法军政府"、"决策国民党（一大）召开"、"国民党改组"、"筹建黄埔军校"等影响中国近代革命进程的重大举措均在此举行。

大元帅府纪念馆始建于清光绪丁未年（1907），前身为广东士敏土厂厂部。整个建筑由南北两座主楼、东西广场、门楼和后花园组成，占地 7 965 平方米。南楼原为孙中山先生和宋庆龄夫妇的办公及生活区，当年孙中山与李大钊在这里彻夜长谈，谈论中国革命的走向；蒋介石在此首次向宋美龄求婚。北楼内设"孙中山在广州三次建立革命政权"的基本陈列展厅。门楼已被拆除，被改造成 6 层宿舍楼。现存南楼、北楼相距约 10 米，砖石与钢木结构 3 层，建筑面积 4 050 平方米，楼高 18.13 米。两边分为东广场、西广场，通透角钢栏杆。南北楼每层四周设置宽敞的券廊，栏杆为陶质花瓶，花岗岩石板压顶；券廊上的门窗均为双层，外层为木百

叶门窗；外墙为土黄色墙面，白色拱券，线脚和券心石花饰，壁柱为仿块石饰面；天面采用传统的"筒瓦裹垄"作法，四周设有贯通的平台，女儿墙小柱顶有葫芦状饰物；棚面用槽钢檩条，上铺木板，大阶砖和花阶砖坐砌；落水管采用岭南风格的陶质竹节状灰塑。整个建筑体现西方十九世纪末欧陆建筑和早期折衷主义、集仿主义的风格和形式。

从1964年开始，大元帅府旧址一直被广东省农机公司作为办公、宿舍用房，改造得面目全非。1998年，根据广东省政府和广州市政府的指示，由筹建办接管，并拨出专项经费，对大元帅府旧址进行抢修。

负责修复工程的五华县第一建筑工程公司按照"修旧如旧"、"不改变文物原状"的维修原则，挑选能工巧匠，精心施工，于1999年12月进场施工，历时半年时间完成修复工程。

经国家文物局、省、市文物专家检查认为，该工程从整体效果和质量上符合"修旧如旧"的要求。形制法则上保持大元帅府旧址建筑的原状，工艺上继承了传统的施工方法，体现出朴素、典雅的风韵和历史风貌。

随着南北主楼的对外开放，广州市文化局正紧锣密鼓进行前门楼宿舍的安置、拆迁和筹建工作，并由广州大学岭南建筑设计研究所完成了初步设计，今年内可望修复。有关部门制定了大元帅府及其历史文物的规划保护范围，向外延伸20米作为二级控制，前门楼以北至珠江边将建成绿化广场。届时大元帅府的风貌就能完整体现出来，向世人一展宏伟风姿。

（稿件来源：《中外建筑》，2002年第5期；《广东建设报》，2002年2月28日；《中国建设报》，2002年2月26日；《广州建筑业》，2002年第2期；《建筑》，2002年第8期。）

又见大元帅府门楼

魏安能

备受关注的孙中山大元帅府门楼重建工程于近日落成揭幕，至此，孙中山大元帅府纪念馆全面开放。

大元帅府纪念馆位于广州市海珠区纺织路东沙街 18 号，始建于清光绪丁未年（1907）。整个建筑由南北两座主楼、门楼、东西广场和后花园组成，占地 7 965 平方米。前身为广东士敏土厂（全国第二大水泥厂），是孙中山先生 1917 年和 1923 年先后

大元帅府门楼

两次建立政权，就任海陆军大元帅的帅府。1964 年开始，大元帅府被省农机公司作为办公、宿舍用房，1976 年又将门楼拆了建成 6 层宿舍楼。1998 年，根据广东省政府和广州市政府的指示，由筹建办接管，并拨出专项经费，对大元帅府旧址进行保护性抢修。1996 年 11 月，大元帅府旧址公布为全国重点文物保护单位。

首期南北楼修复工程于 2000 年 6 月完成，同年春节开馆。随着南北楼修复，门楼重建工作有条不紊地进行。广州市文化局认真落实安置拆迁、报建等工作；筹建办查阅资料，寻找旧照片和图纸等；广州大学岭南建筑研究所进行前期论证，完成了重建设计方案，并报请省、市文物主管部门批复同意。在定址、标高、围墙圈定等技术问题上，请文物专家现场敲定。

重建工程由具有园林古建筑施工资质的广东省五华县第一建筑工程公司负责。于 2002 年 11 月动工，2003 年 7 月竣工。重建的门楼长 18.2 米，

宽 5 米，标高 11.7 米，为砖木钢混凝土混合结构工程，建筑面积 200 平方米，砖墙厚度 40 厘米。所用的建筑材料、施工工艺、形制尺寸与南北楼殖民地建筑风格相吻合。装饰采用岭南传统灰塑工艺，门楼与南北楼大门在同一中轴线上。外路面比原旧址高差 90 厘米，新门楼 ±0 标高设计了两个方案：其一比外路面略高；其二按原址。最后采用第一种方案，由门楼进入后经过 7 道步级连接南北楼，这样显得大气。

原广东士敏土厂的阴刻石额保存完好，施工人员小心翼翼地将 2 吨重的石额吊装至门楼上方按原样镶嵌在墙内，选用菠萝格木重新制作了 4 310mm×950mm×60mm 的"大元帅府"匾，叠挂在石额上面。原门楼柱面仍保存 20 块花岗岩石板，经专家论证后原物继用，故细心者就会发现门楼北面有四根柱子的贴石有新旧之分。符合《文物保护工程实施管理办法》"全面地保存、延续文物的真实历史信息和价值"的精神。

"帅府华晖"成为珠江边一道靓丽风景。

（稿件来源：《建筑》，2003 年第 11 期；《中国文物报》，2003 年 10 月 10 日；《广州建筑业》，2003 年第 12 期。）

中共广东区委旧址修葺开放

魏安能

中共广东区委旧址维修工程最近通过验收。该旧址位于广州市文明路194～200号，建于1922年，建筑面积840平方米，为典型的岭南骑楼式建筑。首层作商铺，2、3层是中共广东区委会和青年团办公的地方。当年党的机关不能公开，用化名向警局登记。许多有关开展工农群众运动、镇压反革命叛乱和同国民党右派斗争等重大问题在此研究决定。1962年7月公布为广东省文物保护单位，因年久失修鉴定为局部危房。

负责修复工程的五华县第一建筑工程公司按照"不改变文物原状"的原则和设计文件，对危及结构安全的墙体灌浆加固；内外墙面重新抹灰；更换腐蚀的木桁条、桷板；修整损坏的木门窗；土瓦屋面重新铺作；天面做防水卷材；所有木构件防蚁、防腐。

修复后主要陈列周恩来1924—1926年在广东革命活动史迹；复原中共广东区委旧址会议室、办公室、文档资料室等，再现了毛泽东、周恩来、邓颖超、蔡畅、彭湃等伟人风采。

（稿件来源：《广东建设报》，2003年8月18日；《广州建筑业》，2003年第8期。）

黄埔军校旧址维修整饰

魏安能

　　为迎接2004年6月举行的黄埔军校建校80周年纪念活动，广州市文管部门将对黄埔军校旧址校本部、俱乐部、游泳池、孙中山故居、孙总理纪念碑等文物建筑进行维修整饰。

　　黄埔军校旧址位于广州市黄埔长洲岛上，是孙中山在苏联和中国共产党的帮助下创办的新型军事政治学校，于1924年6月10日举行开学典礼。由孙中山、蒋中正、廖仲恺组成最高领导机构。周恩来曾任政治部主任。叶剑英任教授部副主任。军校名将辈出，战功显赫，成为世界四大著名军校之一，在中国近代史和军事史上具有重要地位。1988年被公布为国家重点文物保护单位。

　　首期孙中山故居、孙总理纪念碑维修由五华县第一建筑工程公司负责，4月中旬完成。

　　孙中山故居原为清广东海关黄埔分关旧址，砖瓦混凝土混合结构两层，建筑面积805平方米。孙中山1917年发起护法运动和1924年创办军校时曾多次在此休息和办公。此次将复原孙中山卧室、举办军校校史陈列和孙中山在广东革命活动图片展等。

　　孙总理纪念碑坐落在中山公园的八卦山上，是军校师生捐资兴建的，1930年9月建成，钢筋混凝土浇筑，水刷石饰面。碑座高40米，上方置孙中山铜像，高206米，重达1吨。铜像由孙中山的日本挚友梅屋庄吉出资在日本铸造，运来广州安放。纪念碑正面为"孙总理纪念碑"隶书大字，背面为总理像赞，东面为总理遗训，西面为总理开学训词。

　　（稿件来源：《中国建设报》，2004年3月11日；《广东建设报》，2004年3月9日；《中国文物报》，2004年3月17日；《广州建筑业》，2004年第3期。）

广州圣心大教堂总体维修保护工程纪实与反思

魏安能　朱镜文

内容提要：备受关注的全国重点文物保护单位——广州圣心大教堂总体维修工程历经 2 年多的精心施工（2004.7—2006.10），已修复告竣。2006 年 11 月 1 日通过施工质量验收。2007 年 2 月 1 日国家文物局专家组会同省、市文物部门验收，对其保护措施、修复工艺技术和施工管理方法给予充分肯定："该工程按照批复的设计方案进行施工，符合文物修复的原则，总体上达到了修缮的目的。设立督导员巡查的做法值得肯定，建议及时建立长期跟踪系统，工程可以通过验收，工程质量优秀。"该工程被评为广州市 2007 年建筑装饰装修优质工程。

圣心大教堂位于广州一德路旧部前 56 号，原址为两广总督行署。教堂始建于清同治二年（1863），光绪十四年（1888）建成，历时 25 年。由法国建筑师按哥特式教堂样式设计，建筑平面为拉丁十字形，南北长 77.17 米，东西宽 32.85 米，正面耸立八角形双尖塔，地面至塔顶高度为 52.76 米。东塔为乐钟楼，共四层；西塔共五层，顶层外墙设置三面机械大时钟，是教堂的标志。中堂屋顶高 28.2 米，两旁各有侧堂，建筑面积 2 924 平方米，是东南亚最大的石结构教堂。因其奠基日是圣心瞻仰日，取名"圣心堂"，又因其全部用花岗岩石建造，故又名"石室"。石室一改西方教堂向西习惯，朝南偏东 5°。建筑是哥特式，朝向则沿袭中国习俗。

圣心大教堂历经百年沧桑，屋顶和东西塔楼板是 20 世纪 30 年代维修时改建的，如今已是百病缠身。据检测报告显示"碳化深度 70 毫米以上，混凝土强度等级 3.7 ～ 21.6 MPa，大于钢筋保护层厚度，导致钢筋锈蚀。""（屋顶）混凝土结构破损严重，内部钢筋大面积锈蚀，部分钢筋锈蚀外露且截面严重受损，使得钢筋和混凝土的黏结力丧失，承载力严重下降。"因此，圣心大教堂屋顶部分已在整体上属于危房范畴，对建筑物的整体安全已构成严重影响，存在严重的安全隐患，房屋鉴定机构早就发出了"病危"通知。

早在 20 世纪 90 年代，广州大学就开始对教堂的测绘、维修进行前期研究工作，此后从不间断。国家文物局在 2000 年就做出了《关于广州圣心大教堂总体整治维修规划方案的批复》。2002 年 7 月广州市人民政府专门召开市长现场办公会议，召集了 10 多个相关部门进行协调。维修费由广州市财政安排。至此，圣心大教堂的维修列入了市政府的重要议事日程。

圣心大教堂的维修是实施《中国文物古迹保护准则》的有益尝试，是广东省内文物维修项目中工程量大、技术含量高、施工条件复杂、难度大的一项文物保护维修工程。

一、保护为主与施工相结合

圣心大教堂的维修，碰到很多技术难题，如屋顶翻建、花窗复原、屋面防水、外墙清洗、机械钟安制等。究竟如何修是摆在大家面前的一道障碍。为解决这些难题，专家组召开了多次技术会议，明确提出了始终坚持安全性最好、干预最少、观感效果协调而又满足建筑不同功能需要的保护原则；确保文物的真实性和完整性的指导思想；同时必须遵循"不改变文物原状"和"保护为主、抢救第一、合理利用、加强管理"的维修原则。

保护文物本体的安全是这次维修的首要任务。每一工序、工种在施工前都必须在技术安全交底中明确文物保护的具体防护措施。比如拆除屋顶和东西塔楼板时要保护好拱顶、石墙、石件、花窗、铜钟、木叶百叶窗等，并要做好防震、防外倾、防坠、防水、防碰撞、防火等工作；屋顶和东西塔混凝土重建时，应具有可逆性，发现不适应时，可以改用其他保护措施，有利于今后大修拆除时不伤害石构件；在施工中，遇到对文物保护没有把握时，应暂停施工，经论证确定合适方法后，再恢复施工；专项施工方案先经专家组论证，再报文物主管部门批复后方可施工。

屋顶的拆除与翻建是圣心大教堂维修保护工程的关键环节，包括东西塔楼板混凝土都要拆了重建。屋顶下是精美的砖拱，砖拱顶是交叉十字石拱结构，屋顶的混凝土大梁离砖拱顶只有 40 厘米，决不能受到震动，否则后果不堪设想。

项目部编制了详细施工方案，提交专家组和维修小组多次论证修改，提出了"先保护、后拆除；先保护、后施工"的施工方法。首先，屋面采用钢管搭设，上盖镀锌波瓦，面积达 2 200 多平方米的防护棚。如此大的防护棚为国内罕见，在广东则是首例，有效避免了下雨时雨水飘入教堂内。其次，在下弦梁上部满铺槽钢、夹板和彩条布，砖拱顶上部满铺防水布，防止拆除和翻建时物件的坠落及施工用水往下流。此外，拆除混凝土的振动频率都有严格规定和监测，避免震动过大影响石墙的结构安全。

拆除之前，先确定拆除的位置、线路。屋面板分成 80 厘米 × 80 厘米小方块，板上钻孔，用钢丝绳扎实吊牢再切割；梁的切割长度控制在 1 米以内，同样捆牢后再切割。

为确保万无一失，项目部专程从北京购进精锐液压混凝土破碎钳，采用静力压碎，小块切割、拆卸，手动葫芦和人工结合将切割后的混凝土块吊落。

拆除顺序：屋面板—水平梁—斜梁。

翻建混凝土大梁时采用教堂东西石墙上部用钢金字架吊杆吊住施工平台，钢金字架与石墙面用枕木垫实，采用"向隔法"边拆除边复建。不同施工部位，采用不同施工技术工艺。

翻建采用"逆作法"：先翻建下弦梁—斜梁—斜屋面板。利用屋面板两条后浅带分流水段完成。

东西塔楼板采用"逆作法"：先拆除上层楼板再复建一层，拆除上一层之前，下部各层均先支顶牢固并和墙体拉结，由上往下逐层施工。

二、传统工艺与现代技术相结合

修复过程是一个高度专业的工作，必须通过技术和管理的措施来完成。其目的旨在保存和展示文物建筑的美术与历史、艺术和科学价值，也是对文物价值再认识的过程，文物工程维修必须做到"四保存"（原形制、原结构、原材料、原工艺技术）。"按照保护要求使用保护技术，独特的传统工艺技术必须保留。所有的新材料和新工艺都必须经过前期试验和研究，证明是最有效的，对文物古迹是无害的，才可以使用。""当传统技术被证明为不适用时，可采用任何经科学数据和经验证明为有效的现代建筑及保护技术来加固古迹。"圣心大教堂修复工程中，每次采用现代技术工艺，无论是文物工作者、业主或是设计、监理和施工单位都持科学、慎重的态度。经过多次反复论证、试验，最后才应用到施工中。这次维修在继承传统优良工艺的基础上，还应用了避雷、消防、监控、音响、照明等新的文物建筑防护技术。

1. 花窗复原

这是此次修复工程的经典之作，需修复花窗98扇710多平方米，色彩斑斓，变幻神奇。图像全部以旧约、新约故事的81个圣经传奇故事为原型，每幅彩绘包括拉丁文字、装饰、风景、动物和人物等图案，体现宗教文化，是流传百年的艺术品，这是教堂的又一魅力所在。经过1938年日军空袭广州、1949年国民党轰炸海珠桥和"红卫兵""破四旧"的三次破坏，已荡然无存。仅东西立面和竖窗顶部保留少量原玻璃，是复原依据之一。

由于这些图案没有先例可供参考，没有现成标准引用或借鉴，只能按照《圣经》重新创作，玫瑰花窗则以残留的玻璃窗作为色版蓝本进行复原，难度颇高。国内几家公司跃跃欲试，但都与原作相差甚远，被一一否定。最后选定了菲律宾福玛特有限公司。

花窗的制作是流传了数十年的传统工艺，从绘画、切割到焙烧等全过程，都是在作坊内靠手工操作完成。根据天主教会提供的符合天主教传统的圣像和图案进行初步设计，先画一幅素描稿，绘制草图，每个图案提供三种表达方式，体现出十九世纪哥特式教堂风格。人物草图确定后，按比例绘制正式彩色图，再提供三种不同风格供选用。彩色图正式确定后，按实际尺寸绘制1:1工作图。每幅图案又分成若干组，每组又根据其不同颜色分割成数百个单体，每个单体都要编号，防止制作时混淆，这是决定产品质量的关键环节。然后将分割图按照设计彩图的要求，拓印到彩色玻璃上切割下来，并对玻璃片边缘打磨。绘画师根据彩色设计图在玻璃片上用手工描绘着色，彩绘颜料主要为一些重金属，主色调以红、蓝为主。将已着色的分割玻璃片按照不同颜色、不同厚度采用不同温度叠放在专用窑炉中，经过五次焙烧，产生化学反应，表面熔化，使颜色溶入其中，其艳丽色彩便显露出来，永不褪色。在设计图案上，需经过十多次修改才能最后定板。有些安装后发现图案、色泽不协调，又得重新制作。窗框选用不锈钢材料进行喷漆处理，每扇窗达上百块小玻璃拼成完整的图案，用铅条嵌牢，最后安装在窗户上。

其工艺流程：设计图放大 1 : 1 →分图→切割、打磨→逐块绘制上色→编号、组合、检验→焙烧→镶嵌、组件→铅条密封、固化→成型、存放、包装运输。

2. 防水工程

这也是本次维修的重点之一。圣心大教堂的每个部位都因排水问题而问题百出。由于屋面盖瓦破损，加之其下部无防水设施，使得雨水已渗透到板底；天沟纵向坡度不够，部分落水堵塞，雨水已渗透到墙体；尖塔采光小窗、透气窗、采光窗因损坏严重，雨水飘入；塔脚平台均有雨水渗入，导致花岗岩石墙体缝隙有氧化物的白浆渗出，直接影响石结构的粘结性。

（1）塔尖天窗防水。透气窗上部加一块玻璃，外镶钢槽，石墙与玻璃交接处用硅酮胶密封，表面用桐油灰罩面。

（2）塔脚露台防水。将表面清理干净后，用中灰填缝密实，石灰秆筋灰找坡，用 3 毫米厚铅皮封面，再刷一道 911 油膏防腐防水。

（3）中堂天沟防水。表面清理干净后，石缝先灌铅油，中灰抹缝，石灰秆筋灰找坡，然后再用 0.8 毫米厚铜板封面，再用硅酮胶罩面。

（4）屋顶防水。中堂、东西侧堂混凝土板结构层上，纵横刷永凝液防水涂料二遍，然后抹水泥防水砂浆找平，面坐浆铺土瓦，裹灰作垄。为防止瓦件脱落下滑，在混凝土板上预埋瓦钗，纵横间距为 80 厘米，按"品"字形布设，瓦件用铜线与瓦钗联结。

3. 外墙清洗

20 世纪 80 年代曾用盐酸对外墙清洗，由于酸性过大，引起石块表皮剥落。国外教堂赤有用高压水加喷砂的做法，这样对石墙损伤太大。当初提出了包括水压清洗、香蕉根清洗、山茶籽渣清洗、中性化学药水清洗等近 10 个方案。论证会上，专家组明确提出"采用手工清洗，只清洗表面污染痕迹，不能焕然一新，保存其沧桑印记"的指导思想。几经周折，最后还是施工单位从远在 300 多公里外的五华县山区找到茶枯饼、黄豆壳等传统材料配制成清洗水。用手提式打磨机安装钢丝球擦洗三遍，最后用清水冲洗干净，自上而下进行。

4. 屋面板伸缩缝

拆除混凝土屋顶瓦面时，发现了二道伸缩缝，保留与否存在两种意见。为慎重起见，专家组和维修小组反复讨论仍达不成共识，只得向文物保护让路，停工三个月继续论证。这是文物保护认识的争论，是新技术与传统技术的碰撞。

圣心大教堂的屋顶建于 20 世纪 30 年代，毕竟与现代的技术、工艺存在差异。国家的建筑设计和施工规范也是不断总结、修改、提高。最后还是以国家现行建筑设计规范为依据，在原伸缩缝位置即第 8～9 轴、10～11 轴之间各设置一道 80 厘米宽的后浇带。$\Phi 8@160$ 双向配筋，板厚 100 毫米，混凝土强度等级为 C25。待主体结构完成后，将后绕带混凝土补齐，这种缝即不存在了。解决了混凝土结构的差异沉降、收缩变形和温度应力等问题，又达到了不设永久变形缝的目的。至此，为期三个月的"伸缩缝之争"终于尘埃落定。

三、识别性与协调性相结合

保护的目的是真实、全面地保存并延续其历史信息及全部价值，修缮自然力和人为造成的损伤，制止新的破坏。所有保护措施都必须遵守不改变文物原状的原则。这次维修正是基于这种认识，以尊重原始材料和确凿文献为依据，不随意添加意测。

现状修整是在不扰动现有结构，不增添新构件的基础上进行的修整。比如归整歪闪、坍塌和错乱的构件，修补损坏的构件，添配缺失的部分，清除无价值的近代添加物等。

圣心大教堂东、西侧面大小十字架、小亭子、排水兽头等石构件在"文革""破四旧"中受到严重破坏。尤其是正立面的大十字架、排水兽头、大亭子等换了水泥水刷石，与哥特式建筑风格极不协调，影响其美学价值。因此恢复人为损坏的石构件是必要的，是恢复文物真实性的合适做法。

排水兽头和大十字架分别在标高 22 米和 28 米处，重量达 1 500 斤。先在地面打造完成，采用手动葫芦分三级平台吊装归位。

按西面现存排水兽头式样重做东面的排水兽头，排水兽头长 2.8 米，伸入墙体 1 米多，与原来的洞口排水吻合；大十字架高 2.4 米，宽 1.6 米，参照照片式样重新制作；缺失的小十字架用盐精丁粉粘住，较大的石构件加不锈钢榫接。替换和补配的石构件不刻意做旧，留下修复的痕迹和年代标志。

瓦件回收利用。原瓦件拆卸下来，逐块清洗干净，完好无损地分类、分规格码放。旧瓦件集中铺盖在中堂屋顶，不足部分按原规格、材质定制高温土瓦，铺盖在东西侧堂。这样，避免同一部位出现两种瓦色，以示区别。

石塔纠偏。位于标高 33 米处的西塔平台北面的石塔，因垫脚铁片移位，致使石柱外移 4 厘米，垂直度偏差 8 厘米，塔呈倾斜状。根据现场条件，采用木架支承、千斤顶顶升和手动葫芦相结合的纠偏方法，慢慢归位扶正。

"经过处理的部分要和原物或前一次处理的部分既相协调，又可识别"，"缺失部分的补修必须与整体保持和谐，但同时须区别于原作，以使修复不歪曲其艺术或历史见证"，符合其协调性和识别性原则。

四、文物保护与科学管理相结合

这次大修不是单纯的文物建筑维修工程，实质上是一种文化遗产保护性修缮工程。其最终目的是保护文物建筑所蕴含的历史文化信息，使文物建筑"延年益寿"，传承价值，而非"返老还童"。

这次大修涉及文化、宗教、建设、规划、财政、质监、城管等政府职能部门，因此，在发包、监理、设计、施工、质量、安全、投资、监督等一系列制度上有了较大的创新。整个工程都是依据法律法规规定进行的，不仅要遵循《中华人民共和国建筑法》等建设法规对工程质量、安全生产、文明施工、工程设计和工程监理等方面的规定，更主要的是贯彻《中华人民共和国文物保护法》等我国的文物保护法规和《威尼斯宪章》等国际宪章。设计维修方案一经确定，必须严格遵守执行，不得随意更改和扩大维修范围，避免在修缮施工中造成破坏性修缮和保护性破坏。

这次大修根据有关法规采取公开招标选择承包商的方式进行，对施工单位的资质和管理都提出了很高的要求。投标人必须具有建设主管部门颁发的园林古建施工资质（当时国家文物局还未对文物保护工程施工资质认定），项目经理为二级以上。不具备园林古建资质的施工单位均被拒之门外，经建设主管部门资格审查合格的施工单位为正式投标人。

为确保维修工程顺利完成，业主专门成立了"石室天主堂维修工程小组"，聘请了资深的古建筑、结构及机电安装等方面的专家。广州市文化局派出"文物维修工程督导组"，全程跟踪指导。当发现不可预见情况时共同"会诊"，协商解决。这在文物工程维修中也是绝无仅有的。这样，就为文物工程维修质量提供了保证。

在施工过程中，坚持施工图会审制度、材料报验制度、专项方案论证和审批制度、设计变更洽商制度、隐蔽工程签证制度、技术质量交底制度、安全文明施工交底制度、施工机具检验制度、每周例会制度等。这些管理制度不仅保证了大修工程的质量，同时也积累了文物工程修缮的管理经验，而且为文物建筑日后的保养、维修提供了便利，为以后的文物修缮和保护管理制度的完善提供了新思路。使文物工程维修在管理制度上更趋于科学、规范和完善。

由于目前我国对文物工程验收管理、工艺规范和材料标准等还没有完整的体系，故在施工技术资料管理上只能按照《广东省建筑工程竣工验收技术资料统一用表》和《广东省建筑施工安全管理资料统一用表》的做法[15]。在竣工验收环节上，也不尽相同，先由业主、监理、设计、施工等参与施工的主体单位对施工质量进行验收。验收依据为《建筑工程施工质量验收统一标准》GB50031—2001 等 15 个建筑工程施工质量验收规范、施工设计图纸及《工程建设标准强制性条文》（房屋建筑部分）。当完成了施工质量验收后，质量安全监督部门才给予备案，财政结算中心才能办理竣工结算，然后再由文物主管部门组织专家组对文物工程维修验收。验收依据为《古建筑木结构维护与加固技术规范》GB50162—92。《古建筑修建工程质量检验评定标准》（南方地区）CJJ70—96 和文物主管部门批复的维修设计方案。

所以，文物建筑工程的维修，既要接受建设主管部门及相关政府职能部门的管理，还要接受文物主管部门的监管。这样，才能达到相互统一，相互协调，相互和谐。

五、反思

"全面地保存、延续文物的真实历史信息和价值，保护文物本体及与之相关的历史、人文和自然环境。""修复工程应当尽量保存各个时期有价值的痕迹，恢复的部分应以现存实物为依据。"文物工程维修由于认识观念的差异，往往陷入新与旧、保留与取舍的矛盾，甚至激烈争论。在圣心大教堂维修工程中，大家都能按照国际、国内认同的准则，出于保护文物的责任感，最后达成共识。

（1）祭坛。当初出于使用功能上的考虑，曾有拆除后往北面后坐重砌的念头，后经反复论证，予以原位置保留。不是为了追求完整、华丽而改变文物原状。

（2）围墙。原正面围墙用水刷石饰面。当清铲表面层时，发现底层有形状不一的装饰线条，这是不同时期的重叠作品，是有价值的历史信息，故按原状复原。西面围墙按原位置改成通透式。

（3）大堂地面花岗岩。大堂中间过道位置有十多块花岗岩石板残损较严重，原考虑替换。替换后更显得风格不统一，失去原真性，还是原物继用。

（4）大堂十字位置吊灯。原设计在大堂十字位置拱顶上，设有三盏大吊灯，因没有预留孔位，需在侧旁重新钻孔吊装，这样将增加砖拱的荷载。从文物的安全性角度考虑，还是取消了原设计。

（5）大门坪地面。原有两种方案，全铺装花岗岩石板和适当绿化铺草。后来还是尊重宗教场所的使用需要，全部铺装花岗岩石板。在复堂和圣诞等大型宗教活动中得到合理利用。

（6）东塔楼铜钟。原有五个由法国铸造的大铜钟，其中一个流失到广西梧州（已被重新熔铸），失去了价值。原设想恢复，但无论是音律还是铜钟质量都无法和谐，故只能摈弃。只保留遗存陈设、观赏。

（7）文物与环境的协调。原大教堂周边环境杂乱无章。在这次大修中，清除了无价值的添加物，将圣母山和喷水池择地另建，周边重新绿化设计。这样，使文物古迹和人文景观构成协调和谐的自然环境。

（8）文物构件陈列。对于拆卸下来的文物构件，及时登记建档，妥善保管。如石构件、瓦件、混凝土梁板、钢筋、彩色玻璃、避雷针花瓶、木材等。

（9）原中堂进入大门口处，柱与柱之间用夹板遮挡，原设想连框一并拆除。后经考证，夹板是后来添加，予以拆除，木框应是原作，予以保留。这样，既满足了使用功能的需要，又保存了实物信息。

（10）东西侧堂混凝土屋面板原没有检查口，在这次大修中，考虑到今后维护和管线检修的需要，经协商，在东西侧堂的 3～4 轴和 7～8 轴的位置上，各预留了 80 厘米×80 厘米的检查口两个。

（11）在室外地坪改造施工时，发现正大门的步级原为七级，东西侧门为五级，北门为三级。这是历次城市建设中抬高了地面所致。这次大修还是按现有室外地坪标高，正面保留五级步级，另二级填土掩埋保护。故东西塔标高有几个版本。这次大修后，从室外地坪至塔顶标高应为 52.76 米。

（12）信息化管理。本次大修，从拆除过程、施工过程都有详细的记录档案。主要包括：照片、图片、录像、临摹、原材料检测、隐蔽验收、分部分项工程验收、施工总结等，并刻录成光盘。力争保存尽量多的历史信息和原貌。

（稿件来源：《广州文博》，2007 年第 12 期；《广州建筑业》，2007 年第 2 期；《广东省土木建筑学会》，2007 年第 2 期；《古建园林技术》，2010 年第 3 期；《百年圣殿展雄姿》，石室维修工程专辑，2009 年 10 月；《广东建设报》，2004 年 9 月 10 日；《中国文物报》，2004 年 9 月 10 日；《建筑时报》，2004 年 11 月 22 日。）

广裕祠成为古建筑的"活化石"

——糅合南北建筑神韵　展现六百年历史变迁

魏安能

2003 年 10 月 29 日联合国教科文组织亚太地区文化官员在钱岗古村为荣获文化遗产保护杰出奖第一名的广裕祠颁发奖牌和证书。

广裕祠位于广州北回归线附近的从化太平镇钱岗古村内，以广裕祠为中心，800 多间明

修复后的广裕祠内部构造

清古民居依东、西、南、北方位环绕其间。广裕祠始建年代不详，据陆氏家谱载：南宋宰相陆秀夫的"玄孙"（第五代传人）陆从兴率第六、七代，会众协力同心，选"明永乐四年（公元 1406）丙戌岁十一月壬寅日"始建。广裕祠坐北向南，占地 992 平方米，建筑面积 816 平方米，主体建筑面阔三间，分为前厅、中堂和后堂三进。广裕祠为明清建筑，带有宋营造手法，糅合南北建筑风格和中原文化韵味。如悬山屋顶，木质柱，抬梁式构架，有举折、生起、侧脚。大门两侧的翼墙和八字形照壁，在广东地区是孤例。最具历史价值的是祠堂内保留了五处有确凿年代的维修记录和"文革"时期的语录、标语。最早的维修记录为第二进脊梁底阳刻"岜大明嘉靖三十二岁次癸丑仲冬吉旦重建"（公元 1553），最后一次维修记录为后堂两柱间枋底阴刻"民国四年岁次乙卯吉日柱重为修后座更房之志"（1915）。

2000 年 4 月从化市在第二次文物普查中，发现了广裕祠、钱岗村、防御史钟公祠、邓氏宗祠、五岳殿、钟楼村、大江埔村等一批极具价值的古建筑、古村落。时任广州市委常委、从化市委书记的陈建华极为重视，邀请了国内张锦秋院士等八位著名古建筑专家，实地考察、论证。学者们认为广裕祠是岭南古建筑年代的标尺，并决定采取保护性措施，抢修这一文化遗产。

　　修复工程的技术总负责由华南理工大学博导、明清建筑权威陆元鼎教授领衔，广东中人设计有限公司负责测绘、设计和维修方案制订，具有古建筑修复资质的五华县第一建筑工程有限公司承担修复。修复工作遵守"不改变文物原状"和"保存原来的建筑形制、建筑结构、建筑材料和工艺技术"的原则。凡不影响结构安全的尽量不动，能小修的就不要大修，无考证依据的不作任何添加、创新。修复工程从 2001 年 11 月开始，至 2002 年 2 月完成。钱岗古村已列为广州市控制的 21 个历史文化保护区之一。正如亚太地区联合国教科文组织评述：通过对建筑中可见的历史变更在各个层面的仔细保护，陆氏（广裕）祠堂不仅成为钱岗村历史活的记录，同时也可捕捉到中国从宋代直到今天共和国绵延的历史进程。

　　（稿件来源：《广东建设报》，2003 年 12 月 1 日。）

广裕祠获文化遗产保护杰出奖

魏安能

前不久，2003 年联合国教科文组织亚太地区文化遗产保护竞赛揭晓，9 个国家共 22 件作品入围。广东五华第一建筑工程公司修复的广裕祠获"杰出项目奖"第一名；江苏浙江江南水乡城镇获"卓越项目奖"第二名；浙江绍兴仓桥直街获"优良项目奖"第三名。

修复后的广裕祠头门

广裕祠位于广州从化市太平镇钱岗古村内，是南宋丞相陆秀夫陆氏家族的宗祠。据族谱记载，广裕祠始建于明永乐四年（公元 1406），最早维修记录是大明嘉靖十二年（公元 1553）。广裕祠坐北向南，前有影壁和照壁，屋面为悬山顶，碌筒板瓦，屋脊灰塑精美。祠堂的修建采用了木雕、石雕、灰塑、彩绘等传统装饰工艺，体现了典型的岭南建筑风格。2003 年 7 月广裕祠公布为广东省文物保护单位。

修复工程遵守"不改变文物原状"和"保存原来的建筑形制、建筑结构、建筑材料和工艺技术"的原则。凡不影响结构安全的尽量不动，能小修的就不要大修，无考证依据的不作任何添加、创新。如大门不彩绘门神；工地屏门以质朴为主调；灰塑和彩绘按现状保护；青砖、花岗岩、卵石等材料从民间采集旧料；地面用 3：7（石灰：红砂岩）灰土夯实；除中堂替换的 6 个红砂岩柱础，显示重修的痕迹外，木构件则不留痕迹，统一油漆颜色。

中堂是整个修复工程的控制重点，需替换红砂岩柱础 6 个、木柱 2 根、脊梁 1 根、雀替 9 个，5 根柱要纠偏。采取"偷梁换柱"和落架大修，是文物工程维修中的"大手术"：先用数十根圆木将檩条和梁架顶牢，再用水平拉杆连接，形成一个稳定的满堂支架，然后用千斤顶慢慢顶升，结合手动葫芦、滑轮吊装完成。

这次维修保留了中堂和后堂文革时期的标语 3 条和毛主席语录两幅，这是特定历史条件下的产物。保存延续文物的历史信息和价值，得到专家们的首肯。钱岗古村已列为广州市控制的 21 个历史文化保护区之一。

（稿件来源：《中国建设报》，2003 年 10 月 21 日；《广州建筑业》，2003 年第 12 期；《五华政报》，2003 年 10 月 15 日。）

让文物延年益寿

——五华一建提供成功保养维修案例

魏安能

最近广州市文物管理委员会在中山大学永芳堂召开文物维修现场会，评议市文物保护单位——岭南大学原址建筑之一东北区 317 号"现代历史人类学研究中心"保养性维修的成功案例，介绍文物保护和维修的原则、方法。出席会议的有市文化局副局长陈玉环、华南理工大学古建筑专家邓其生教授、华南建设学院建筑系汤国华副教授等专家学者和施工单位共 30 多人。

由五华县第一建筑工程公司维修的"现代历史人类学研究中心"，建于二十世纪九十年代初期，砖木结构二层，地下一层，建筑面积 370 平方米，外墙为杉木板和混凝土混合式，绿色琉璃瓦斜坡屋面，显得小巧玲珑，朴素淡雅，具有典型的岭南建筑特色，在中大内类似这样的建筑有 30 多幢。由于年久失修和使用过程中改变了原状，显得不伦不类。

通过这次现场会，对今后中大校园的文物维修提出了指导性意见，真正使文物"延年益寿"。

（稿件来源：《广东建设报》，2001 年 7 月 25 日；《广州建筑业》，2001 年第 8 期。）

开发利用文物　提高文化品位

——海峡两岸传统民居营造与技术研讨会

魏安能

由华南理工大学、从化市文物管理委员会等单位主办的第四届海峡两岸传统民居（营造与技术）学术研讨会，2002 年 1 月 22 日在从化闭幕。来自台湾、香港、内地及广州市委常委、从化市委书记陈建华，从化市副市长、建筑博士潘安，华南理工大学教授、博导陆元鼎，以及华南理工大学博士研究生谭刚毅等专家学者共 50 多人。

研讨会上，专家们交流了论文，进行了座谈和评论，并对开发、保护和利用文物，充分体现文物价值以及文物带来的旅游价值，营造古风旅游的大环境，赋予古建筑生命力和活力，把发展方向定位于良性循环之中，提出了建设性的指导意见。

会议期间，专家、教授参观考察了从化钱岗古村落、广裕祠、开平碉楼、四会古民居、佛山祖庙等古建筑。

尤其是五华县第一建筑工程有限公司正在修复的广裕祠引起了专家们的兴趣，一致认为，保存得这么完整的古村落，实在令人出乎意料。

广裕祠位于从化市太平镇钱岗古村落内，始建年代不详。最早的维修记录是"大明嘉靖三十二年"（公元 1553），最后维修记录是"大清嘉庆十二年"（公元 1807）。广裕祠占地近千平方米，建筑面积 816 平方米，坐北向南，有青砖墙的瓦檐八字照壁。主体建筑面阔三间，进深三进，分为前厅、中堂和后堂，均为悬山顶式建筑。屋面布碌筒板瓦，灰塑屋脊，素胎勾头一滴水，采用木质梭柱、红砂岩石柱础，上部为抬梁式构架。

广裕祠为明清遗物，保留了很多早期建筑的营造手法。有明显的举折和生起，保留不少碑刻联额，如重建碑记及各进大梁下刻的阳文款记等。一间祠堂内有四个不同的确凿重修年代记录，实属罕见。另外，中进两侧山墙内，还保留有文革时期的标语，亦是特殊社会历史时期比较珍贵的记录，列为广州市文物保护单位。

广裕祠是南宋宰相陆秀夫陆氏宗族的宗祠。当年陆秀夫在广东崖门跳海殉国后，其南迁的族人，为避难在此隐居，繁衍生息，后发展成钱岗村。现分为钱岗、文阁两村，故数千人均陆姓。

广裕祠的修复工程，预计春节前完成。广裕祠将成为从化市古风旅游的一道靓丽风景。

（稿件来源：《广东建筑业》，2002 年第 1 期；《广东建设报》，2001 年12 月 27 日。）

英德浛洸蓬莱寺塔修葺一新

魏安能

位于英德市浛洸镇郊的广东省重点文物保护单位：蓬莱寺塔一、二期工程已于最近修葺一新。

该塔始建于唐咸通年间，又名"舍利塔"，宋代重建，平面六角楼阁式空心砖塔，五层，高度 23.5 米。由于历经沧桑，雷电破坏，塔体倾斜，塔内木棚已荡然无存，裂缝崩塌严重，平座栏杆脱落，塔顶塔刹已不复存在。整座塔显得疮痍满目。

五华一建广州分公司承接该塔修复任务后，请教专家学者，认真编制施工方案，挑选能工巧匠，并聘请华南理工大学古建筑专家邓其生教授为技术顾问。

修复后的英德浛洸蓬莱寺塔

按照"修旧如旧"的原则，严格选料，确保按宋代风格复原。

塔体的主要材料仿宋青砖，规格 300 毫米 × 150 毫米 × 60 毫米，从远在 250 公里外的五华县岐岭镇煅烧制成后，运至现场砌筑，共耗用青砖 3.2 万多块，木材 23 立方米。塔中间从第二层棚面起有一条 16 米长的硬木刹杆，直至塔顶，上置重 2.6 吨、用生铁铸造的塔刹。相轮、水烟、宝珠、仰月一次浇铸而成，外观呈宝塔状葫芦形。工艺精湛，玲珑剔透，甚为壮观。塔刹六角各安直径 12 毫米铁链，每条长 4.2 米，与塔檐相连，抛物线形的轮廓线，优美流畅。

副阶复原是整个修复工程的又一难点，能起到画龙点睛的效果。原副阶已全部塌毁，泥土湮没，给修复工作带来不少困难。经认真查阅和反复论证有关史料，根据现场挖掘的瓦砾做参考，先按十分之一的比例缩小做出模型，经专家学者审定后而复原。复原后的副阶高 4 米，宽 3.74 米，平面呈六角形，与塔身相对称。瓦面油黑漆色，木构件猪肝色绘彩。石础木柱，斗拱出跳，古色古香，富有宋代韵味。

从塔底层拾级而上，沿迴廊平座，直至顶层。但闻附近校园，书声琅琅，极目眺望，湖光山色，尽收眼底。

该工程在竣工验收会上，受到省文管会、清远市六县建委等有关部门的好评，被评为优良工程。这是迄今广东省内修复工程质量最好的一座古塔，也为该镇恢复一古建筑文化景观。

（稿件来源：《广东侨报》，1995 年 1 月 13 日；《广东建设报》，1995 年 2 月 14 日；《南方工报》，1995 年 2 月 15 日。）

第三篇

安全、文明施工篇

文明施工是安全生产的保证，安全生产促进工程质量的提高。获广州市安全生产先进集体称号的五华一建公司牢牢树立"全员管理、安全第一"的思想，强化安全意识，始终把安全生产当作一件大事来抓，并屡获殊荣：中国外运黄埔工地被树为广州市文明样板工地，广州港务局综合楼、解放村宿舍双双荣获文明工地称号……

这里的施工无"脏乱"

——五华一建中国外运黄埔公司综合楼工地见闻

魏安能

走进位于黄埔海员路5号的中国外运黄埔公司综合楼工地，一块由广州市建委颁发的"1994年度文明施工工地"的牌子映入眼帘，沿钢塔垂挂的巨幅安全标语分外醒目，抬眼望去，井架耸立，塔吊舒展臂膀；放眼观察，各种材料堆放有序，施工机具整洁；走进整齐排列的两幢临时住房，但见窗明几净、生活设施、卫生保健箱等一应俱全，厨房饭厅均用白瓷片镶贴，卫生干净。工地上个个戴着安全帽，秩序井然。仅一墙之隔的工地外，是与港湾路的交汇点，这是广州市样板路之一，车辆行人络绎不绝。形成了施工于闹市而不扰民的难得局面。这就是记者在五华一建广州分公司中国外运黄埔公司综合楼工地所见景象。

建筑工地向来都是"脏乱差"集中的地方，而五华一建却能出淤泥而不染，原因何在？据记者了解，五华一建广州分公司自去年5月进场施工以来，把治理"脏乱差"，实现安全生产文明施工，树立企业良好形象，列入项目经理部的主要工作目标，与有关部门签订了责任状。他们的主要做法是：

——对工地实行规范化管理。一是实行封闭施工。在临街位置砌起符合规定的长150米的围墙，开通四周排水沟160米长，保持工地内外干净整洁。二是搞好环境卫生。分工专人负责厨房及厕所的卫生工作，每天清扫；剩余饭菜倒入泔水缸统一处理；余泥垃圾指定场内临时堆放，然后再组织外运；凡有泥土和低洼的地方均用石屑铺实，就是下雨天都不会出现淤泥和积水现象。三是在显眼位置张挂安全标语、警示牌等。此外加强动力设备管理，所有机械设备按规定实行一机一闸一漏电开关，并加箱加盖加锁。1994年六七月份地下室紧张施工阶段，有1.7万多立方米土方需外运，又值阴雨连绵，工地自备了洗车槽，购置了高压洗车设备，保证车身车轮干净上路，没有发生违章现象。

——完善各项制度。认真执行广州市政府《关于加强建设工程施工现场管理的通告》精神，健全完善制度，靠制度约束人。针对工地情况，先后制订了"宿舍文明守则"、"工人劳动纪律"、"安全文明施工十不准"、"安全用电十大禁令"、"施工现场文明施工标准"、"文明施工十项措施"、"机械设备操作规程"等七项制度。违反者给予批评教育、辞退并辅之以经济手段的处理。这样增强了文明施工意识，形成人人讲文明，班组比安全的风气。

——抓好岗前培训。工地现有工人 120 多名，素质高低不一，针对这一不利因素，该项目经理部严格把好队伍关，决不凑合了事，有计划地选送工人参加各类培训班。据统计，施工员、质安员、塔吊工、电工、焊工、钢筋工、砼工、砖瓦工、装饰工、木工等持证上岗人员达 65 人。逐步使队伍达到优化，从严遵守现场的消防、环保、安全、文明施工等管理制度。

文明施工是安全生产的保证，安全生产促进了工程质量的提高。该工程项目地下室工程被当地质监部门评为优良工程。

（稿件来源：《广东建设报》，1995 年 4 月 4 日；《南方工报》，1995 年 3 月 29 日。）

五华一建文明施工获殊荣

——中国外运黄埔工地被树为广州市文明样板工地

魏安能

为迎接 10 月份的国家卫生城市检查，本月 18 日上午，广州市黄埔区委、区政府，市城监大队等单位在黄埔区召开文明施工管理现场会。由五华一建承建的中国外运黄埔公司综合楼工地，被树为广州市文明施工样板工地。项目经理曾繁雄介绍了经验和做法。广州电视台做了录像新闻报道，并拟拍成文明施工专题。

该工地位于黄埔海员路 5 号，是经贸委系统的重点建设项目，占地 2 800 平方米，建筑面积 19 192 平方米，20 层。如今，大楼已升至 14 层框架。塔吊、高速卷扬机往来穿梭；200 米长的施工封闭围墙粉刷一新，大红标语整齐美观；用砼和石屑铺实的施工场地平整干燥；各种材料分门别类堆放；安全警示牌、文明公约等随处可见；整齐漂亮的办公室和管理人员住房，天花吊顶、地胶板、窗明几净。一派祥和有序的工地场面。

项目经理部为实现文明施工管理目标，采取了一系列措施：一是为保证车辆干净整洁上路，在大门出口处，自备了沉式洗车槽；排水暗沟引至市政排水管道，保持场地无积水；建筑垃圾和余泥渣土及时办好排放证按指定地点堆放，运输汽车用大篷布遮盖，泥土不超满，防止尘土飞扬和外泄；位于大路边的主体工程，从第二层起遮挡施工，使用安全网 850 多平方米，安全挡板 960 多平方米；门口值班室放有备用安全帽，不戴安全帽不准进入施工现场。二是工程技术人员、班组长、特殊工种人员均戴胸牌上班，把文明施工目标层层分解，贯穿在施工全过程，形成一个横向到边、纵向到底的文明安全施工网络。三是改善劳动环境。为减轻工人的劳动强度，采用新工艺、新设备，斥资 250 多万元购置了塔吊、高速卷扬机、钢管顶撑等，有效消除危险因素，保证安全文明生产。四是文明施工具体化。比如瓦工四坚持：坚持砖底、灰底、砂石底天天清；坚持搅拌机前后台、上料盘净；坚持下班前灰槽不剩灰、架上没有碎砖头、落地灰及时清理；坚持灰车、灰槽一天一清洗。抹灰工四净：灰浆随时清理干净、保持场地干净、操作面净、用具清净。其他工种均制定了文明施工作业标准。五是环境卫生同时抓。尽量避免晚上加班，以减少噪声污染。饭堂墙裙、盥洗台、饭菜台用白瓷片镶贴，专人每天清扫卫生，每月喷射药物消灭蚊虫 2 次，保障职工的身体健康。

该公司的文明施工意识，随着楼层的加高而在不断增强，能够做到施工不扰民，余渣无乱排，安全保质，经得起检查，实属不易。城监部门的领导感慨地说，广州市现有 3 700 多个工地（其中黄埔区 140 多个），最突出的问题是脏、乱、差，如果大部分能做到这样，按照市委、市政府创建国家卫生城市"志在必得"的目标是能够实现的。

（稿件来源：《广东建设报》，1995 年 8 月 25 日；《梅州日报》1995 年 9 月 24 日。）

遵章守纪　安全施工

——五华一建广州公司安全施工获殊荣

魏安能

　　五华一建广州公司树立"全员管理、安全第一"的思想，强化安全意识，落实安全措施，有效地遏止了重伤事故发生。近年来轻伤频率均控制在3%以下，在今年的安全周活动中，被广州市安全生产委员会授予"1994年、1995年安全生产先进集体"称号。这是梅州市驻穗施工企业唯一获此殊荣的单位。

　　该公司始终把安全生产当作一件大事来抓。公司设安全领导小组，各项目部设安全小组，班组有兼职安全员。并确定公司经理为安全生产第一责任人，项目经理为该项目安全第一责任人。形成个人对班组、班组对项目部、项目部对公司的层层安全保证体系。

　　建筑工程施工，流动性大，人员分散，常年在露天、高空、地下作业，立体交叉作业多，易出安全问题。针对这种不利因素，该公司对安全生产实行跟踪管理，定期或不定期到工地检查安全情况，发现问题，及时整改，并将信息反馈给公司，以便研究对策。同时正确处理好安全与进度的关系。1994年冬省质检中心工地大面积开挖地下室土方和人工挖孔桩施工，由于地下水和流砂层多，容易塌方，危及人身安全。公司与项目部决定暂缓施工。几经修改方案，采用截水挖桩法加钢筒护壁，减少流砂量，终于攻克这道难题，使21层框架如期封顶。

　　该公司切实做好经常性的安全教育工作。同时，结合安全周活动，配以标语口号、警示牌、安全挂图等，提高了职工"生产必须安全、安全为了生产"的认识。越秀北路89号综合楼工地位于闹市中心，三面紧邻住宅区，外边墙距离只有3米多，前面立交桥相距不到3米，车辆行人络绎不绝。该项目部克服种种困难，优化施工方案，经常进行技术安全交底，把安全生产贯穿施工全过程。使工程期间没有发生重伤事故，并做到施工不扰民。受到甲方和四邻居民好评。

　　规范工作行为，实行岗前培训。特殊工种人员（电、焊、起重、塔吊等）一律实行持证上岗；五大工种人员（钢筋、砼、砖瓦、木、抹灰）分期培训；外排山、井字架经检查验收后方准使用；340 多人取得了广州市劳动局和市建委颁发的上岗合格证。从而拓宽了安全工作的覆盖面。

（稿件来源：《广东建设报》，1996 年 6 月 7 日；《广东劳动报》，1996 年 6 月 10 日；《南方工报》，1996 年 6 月 27 日；《梅州日报》，1996 年 8 月 7 日；《广东建设经纬》，1996 年第 6 期。）

文明工地　实至名归

——记广州港务局综合楼、解放村宿舍双获文明工地称号

魏安能

　　最近，广州市建委通报了1996年度115个文明工地名单，其中梅州市施工企业的两个工地榜上有名，这两个工地又都落户五华一建。记者颇感兴趣，在春雨潇潇的一个上午，前往现场采访。

　　两个工地是：位于开发区金碧路的新港港务公司综合楼，首期建设规模框架1层1 530平方米，造价190万元（原设计9层，主楼副楼共11 000多平方米），已于3月底竣工验收；位于黄埔港前路33号的解放村宿舍，框架9层，建筑面积5 394平方米，造价315万元，春节前竣工。由于已竣工验收，工地上显得静谧，干净整洁。施工员向记者表述的都是同一个意思：公司对文明施工要求很严，因此，从管理人员到工人都很自觉。

　　在项目经理室记者见到该项目经理曾桓雄，当谈到如何能在文明施工和工程质量上屡有建树（该项目部承建的中国外运黄埔公司综合楼被评为广州市1996年文明工地十五佳）时，曾桓雄谈了三点体会。首先，要高标准。文明施工是企业的一个窗口，是职业道德建设的组成部分。基于这种认识，在制定文明施工"内控"指标时要略高于工作目标，使大家都奋发向上。比如，解放村职工宿舍工地，紧邻的港湾路是广州市的样板路，周围是住宅区，合同工期210天，要保证文明施工困难不少。因此，项目部定出要达到文明施工先进工地、工期195天的"内控"指标，并给予物质奖励。结果如期实现了预定目标，得到甲方好评。其次，严要求。项目部为实现文明施工目标，必须有一套制度来规范工作行为。根据工程对象不同来制订施工、环境、卫生、宿舍等管理制度。如严禁在宿舍赌博、打架斗殴，并要求每个员工尽可能把被帐、衣服、日用品等收拾整洁，饭堂统一开饭；各项材料分门别类堆放；保持道路畅通，排水系统处于良好状态，运输汽车经冲洗干净后才开出工地等都有明文规定。最后，抓落实。文明施工为工程质量提供保证，文明施工体现在现场管理和实际操作上，操作不规范影响工序质量和工

作质量。假如施工现场脏乱差，其工程质量水平是可想而知的。施工员和质安员是文明施工的执行者和实施者，为保证文明施工的贯彻落实，项目部将文明施工指标分解到各班组，做到文明施工人人挑，个个肩上有指标。规定负责环境卫生的每天上下午清理垃圾，保持场容整洁；砖瓦工、抹灰工要负责回收当班的碎砖和落地灰等杂物，木工、钢筋工、砼工等也都有具体任务指标。

（稿件来源：《广东建设报》，1997 年 5 月 2 日；《广东建设经纬》，1997年第 6 期；《广州建筑业》，1997 年第 11 期。）

文明施工　质量保证

——五华一建黄埔机关综合楼工地见闻

魏安能

走进广州市黄埔区政府机关综合楼工地，给人的第一印象是：漂亮的围墙、整齐的生活区，假如不是望见用安全网一封到顶的建筑物，仿如置身于营房小区。在工地办公室和管理人员宿舍区，地面用耐磨砖和花岗岩镶贴，扣板天花，墙裙瓷片，还装上空调机，使人耳目一新。会议室的大圆桌上塑料花点缀其间，奖状、锦旗等琳琅满目。难怪区政府有些会议在此召开；难怪参观者会发出"搞了几十年建筑没有看过这么好的工程"的慨叹！这是广州市建委最近通报表彰的 1997 年 146 个文明施工工地之一。

该工地位于黄埔区大沙东路，大楼为框架结构 15 层，建筑面积 35 515 平方米，土建造价 8 000 多万元。此工程由五华一建中标承建。

在现场施工员陪同下，记者沿四周转了一圈，来到工人生活区又是另一番景象。站在"星级"厕所面前，若不是看见"厕所卫生守则"字样，实难想象是给人方便的地方，厕所地面墙裙用马赛克、瓷片镶贴，配上冲水阀，几乎闻不到异臭味；整齐排列的工人宿舍，地面水泥砂浆抹面，四周排水明沟，门口装有灭火器和电表箱，电线用 PVC 管敷设，被帐、衣服、毛巾等日用品都收拾得较为整洁；来到厨房，饭菜飘香，炉灶、盥洗台、饭菜台、冲凉房、地面、墙裙都用马赛克、瓷片镶贴，厨房门口排列 5 个开水桶；每天的早、午、晚饭时间，工地广播室放出悠扬的乐曲，倍觉欢愉。

施工现场的大小临设和各种材料、构件、半成品按平面布置堆放整齐，偌大的工地楼上楼下收拾得干净整洁。

据记者了解，五华一建自去年 4 月施工以来，组成高效精干的项目部，四大施工目标之一就是创建广州市文明工地，把它当作企业的素质和管理水平的"窗口"，并结合《建筑工地十项安全措施》、《安全操作二十条禁令》、《建筑工地防火十三条基本措施》、《文明施工管理十条规定》、《工地违章处罚八项制度》等制定，实行奖优罚劣的激励机制，变静态管理为动态管理。各班组安全文明考核具体表现为得小红旗多少，每周一评。从而增强群体安全文明施工意识。

该工地施工高峰期达 700 多人，人员来自各地，汇聚"南腔北调"，素质参差不一。针对这不利因素，按专业分工种实行场容责任承包区，目标分解，责任到人。施工区和生活区明确划分，从道路、交通、消防器材、材料堆放、垃圾、厕所、厨房、宿舍实行全方位监控。严明的纪律，提高了工人自身素质，没有发生打架斗殴、赌博等现象。

在施工中坚持做到建筑垃圾当日清，施工操作落手清。比如：砼搅拌站，水泥库，砂、石堆场的场容，由搅拌站人员管理；砌筑、抹灰用的砂浆机，水泥、砖砂堆场和落地灰、余料的清理，由瓦工、抹灰工负责；模板、支撑及配件，钢木门窗的清理堆放，由木工负责；脚手杆、跳板、扣件等的清理堆放，由架子工负责；水暖、管材及配件的清理，由管道人员负责；钢筋及其半成品由钢筋工负责。

创造良好的工作环境，养成良好的文明施工作风，是工程质量的可靠保证。现在该工程已于上月底顺利平顶，基础和主体框架初评为优良工程。

（稿件来源：《广东建设报》，1998 年 1 月 17 日；《广州建筑业》，1998年第 3 期。）

第四篇

简 讯 篇

　　本篇汇聚了五华建筑业的朵朵浪花，这些浪花悄悄地改善人们的生活：安居的大厦、有深远意义的文物、固堤防洪工事、为出行提供方便的道路、粮库等，令我们的生活如此美好！我们由衷地感谢那些为社会进步做出贡献的人。

五华举行"建设大厦"落成等多项庆典活动

吴振雄　魏安能

国庆佳节,五华县城水寨镇喜事连台。由全国政协副主席叶选平题写的五华"建设大厦"举行落成剪彩暨五华一建成立 45 周年、二建公司荣获全国城镇集体建筑企业综合经济效益 500 家、建筑设计室晋升为乙级设计单位和陈炳祥先生捐建的华三路人行天桥落成等庆典活动。

(稿件来源:《广东建设报》,1995 年 10 月 10 日)

动　工

魏安能

由香港南源集团公司陈平、刘铨华先生投资 5 800 万元人民币兴建的广东嘉源矿泉饮料有限公司,最近在五华县破土动工,首期基础工程由五华一建负责施工,建成投产后,年设计生产能力达 8 000 万瓶,实现产值 1.2 亿元。

(稿件来源:《广东建设报》,1995 年 1 月 7 日)

五华田家炳中学投入使用

魏安能

由梅州市荣誉市民,旅港乡贤田家炳先生捐资 300 万元兴建的五华田家炳中学,已开始投入使用。今年秋季首期招收初中、高中四个班,招生人数约 250 人。该工程由五华一建负责施工,工程质量达到设计要求。

(稿件来源:《广东建设报》,1995 年 9 月 12 日)

五华一建签订集体合同

魏安能　李庆敦

最近，五华一建公司根据《中华人民共和国劳动法》和《中华人民共和国工会法》精神，经职工代表大会讨论通过，公司工会主席代表工会与企业法定代表人签订了内部劳动集体合同。该合同有劳动合同的订立和解除、工作时间和休息休假、劳动报酬津贴、社会保险福利、劳动安全卫生、违约责任争议处理等内容。合同用法规形式明确了双方权、责、利等劳动关系，可操作性强。

（稿件来源：《广东建设报》，1996 年 11 月 8 日；

《南方工报》，1996 年 12 月 10 日。）

梅州建委组织专家参观五华一建工地

魏安能

11 月 29 日，梅州市建委组织有关单位负责人、高级工程师 20 多人，参观了由五华一建在穗承建的中国外运黄埔公司综合楼和广州港务局宿舍楼等工地。中国外运黄埔综合楼曾荣获广州市文明施工工地等多项殊荣，这两个工地的基础（地下室）和主体结构均被评为优良工程。专家对该公司的安全文明施工表示赞赏。

（稿件来源：《广东建设报》，1996 年 12 月 6 日。）

虎门维修古炮台

魏安能

全国重点保护文物——靖远四号炮台、威胜东台门楼已于近日开始维修。

该炮台位于东莞市虎门镇，始建于清朝道光二十一年（1841），是当年抵御英军进犯的工程，虎门12座大炮台之一。在这里，水师提督关天培率领众将士与英军进行浴血奋战，终因寡不敌众，不幸殉难，谱写了一曲中华民族正气歌。

为保质保量完成任务，组成了以华南理工大学古建筑专家邓其生教授为首的技术顾问小组，并严格挑选有古建筑施工经验的五华一建公司负责修复。预计总投资400多万元，首期投入65万多元。修复后将辟为爱国主义教育基地和旅游胜地。

（稿件来源：《广东建设报》，1996年9月6日；

《广州日报》，1996年9月16日。）

五华新年确定新目标

魏安能

春节伊始，五华一建各驻外公司经理、部门负责人会聚总公司，共商一九九六年发展大计，提出的奋斗目标是：各项经济指标比上年增长百分之十，驻外企业，力争完成产值超一亿元，在工程质量安全方面，力创两个省优工程、两个市优工程。

（稿件来源：《广东建设报》，1996年3月8日。）

五华兴建电信综合楼

魏安能

最近，五华电信综合楼在县城水寨大道南端动工兴建。它是迄今五华县内最高层建筑。该工程采用人工挖孔桩基础，框架12层，建筑面积8 800平方米，工程造价约1 800万元。由省邮电局投资，建成后将有力促进该县通信事业的发展。负责承建该工程施工的是五华一建公司。

（稿件来源：《广东建设报》，1996年5月7日；

《梅州日报》，1996年5月17日。）

从化改灌渠竣工

魏安能

总投资 1 亿多元的广州市水利重点项目、从化七大灌渠改造工程，于近日全面竣工，开闸放水。

（稿件来源：《广东建设报》，1997 年 3 月 18 日。）

发展目标"六个一"

魏安能

五华一建提出新年"六个一"任务目标，即完成建安产值 1 亿元以上；多种经营收入 100 万元以上；墙体改革上一个新项目；年创税利 1 000 万元以上；申报优良样板工程 1 个；申报企业资质升一级。

（稿件来源：《广东建设报》，1997 年 3 月 4 日。）

五华一建又有殊荣

魏安能

近日，广州市建委、广东电视台等单位共同主办了"共建美好家园"大型专题文艺晚会，会后表彰了"八五"期间取得丰硕成果的先进单位。五华一建承建的中国外运黄埔综合楼工地榜上有名，项目经理曾桓雄代表公司上台领奖。在此之前该工地已获得广州市"1994 年文明施工工地"、"1995 年文明施工样板工地"等殊荣。

（稿件来源：《广东建设报》，1996 年 4 月 16 日。）

梅州维修灵光寺

魏安能

始建于唐咸通年间的灵光寺，于近日开始维修。

灵光寺位于梅县雁洋镇阴那山麓，由山门、佛殿、天王殿、罗汉殿、经堂、斋堂等建筑组成，占地面积 6 000 多平方米。是岭南四大名寺之一，现为广东省文物保护单位。这次维修的重点是建在台基上的佛殿，尤以佛殿内菠萝顶（螺形藻井）难度为大。此藻井工艺高超，结构严谨，金雕盘龙，广东独一无二，全国罕见。殿内烟雾由螺旋顶散发出去，做到香火不熏人、屋顶又不见雾状，堪称一奇。

省、市有关部门极为重视，对施工队伍严格资审，由省文物考古研究所总承包，由具有古建筑修复经验的五华一建负责整体修复。首期投入 124 万元，计划今年上半年完成。

（稿件来源：《广东建设报》，1997 年 4 月 1 日。）

广州黄埔机关大楼奠基

魏安能

投资 8 000 多万元的广州市黄埔区机关综合办公大楼日前奠基。该工程位于黄埔区大沙东路，技术要求高，施工工艺复杂，设计新颖，是该区规模较大的建设项目。五华一建中标后，组成了精干高效的项目经理部，进行临时设施、四周道路等前期准备工作，实行"硬地法"施工，并确立奋斗目标：工程质量达到市优良样板工程；实现"五无"（即无死亡、重伤、火灾、中毒、坍塌）；达到市文明施工先进工地标准；施工工期 453 天。

（稿件来源：《广东建设报》，1997 年 4 月 11 日。）

固堤抗洪保安全

魏安能

最近，五华县下坝堤加固改造工程举行开工典礼。

下坝堤位于五华县城东侧的河东镇，历经几十年风侵雨蚀，已显得"老态龙钟"，难以承担抵抗洪灾的重任。这次大堤的加固改造按 50 年一遇抗洪能力设计，全长 1 550 米，高 12 米，比旧堤提高 2.5 米，堤基最大宽 8 米。堤面将建成一条 15 米宽的沿江路，内侧将建成商住楼等。静态投资 2 600 多万元，采取"以地换路"、多方集资等方式解决。由五华一建负责施工及开发。

（稿件来源：《广东建设报》，1998 年 2 月 25 日。）

项目经理培训班

魏安能

近日，梅州市建设职工培训中心在穗举办第三期项目经理培训班，共有 30 多人参加学习。近年来，梅州市驻穗施工企业共有 120 多人取得了项目经理合格证，在施工中发挥了骨干作用。

（稿件来源：《广东建设报》，1998 年 7 月 4 日；

《广州建筑业》，1998 年第 7 期。）

河源兴建中央粮库

魏安能

河源市最近破土动工，兴建库储量 5.8 万多吨的河源中央粮食储备库，预计今年上半年完成。

该粮库位于源城区东埔镇高塘区 205 国道旁，总占地面积 20 公顷，首期土建投资 900 多万元，建设 7 个粮仓共 13 900 多平方米。

该粮库由郑州粮油食品建筑设计院设计，地面和四周墙体采用柔性防水，屋面为钢结构。五华县第一建筑工程公司经过竞争中标，承担了该工程建设任务，目前，该公司项目部各专业技术人员和施工设备已到位，按优良工程质量目标运作。

（稿件来源：《广东建设报》，1999 年 1 月 20 日。）

广州市内环路全线动工

魏安能

广州市中心区交通建设重点项目之一的内环路最后 3 个国内标段（南田东、南田西、工业大道），最近在紫星花园酒家举行施工和监理合同签字仪式。至此内环路 12 个国内标段和 8 个国际标段已全部发包完毕，预计本年底基本完工。

内环路全长 26.7 千米，设 14 座立交和其他城市交通管理与安全等配套工程，总投资约 97 亿元（其中世界银行贷款 2 亿美元）。这次签订了 3 个标段合同价 1.7 亿多元，合同条款参照国际通行的 FIDIC "菲迪克"《土木工程施工合同条件》制订。五华县第一建筑工程公司、省怡合高速公路工程有限公司和广州市政总公司等 3 家承包商表示，将严格按照合同条款运作，建造一条人们满意的路。

（稿件来源：《广州建筑业》，1999 年第 2 ~ 3 期；
《中国建设报》，1999 年 2 月 26 日。）

孙中山大元帅府全面修缮

魏安能

国家重点文物保护单位——孙中山大元帅府，近日开始全面修缮。

大元帅府位于广州市海珠区纺织路 18 号，始建于 1907 年，其前身为广东士敏土厂厂部，1917 年至 1925 年孙中山任海陆军大元帅时将其作为帅府。

这次大元帅府修缮范围包括现存的南楼、北楼两幢，建筑面积4 050平方米，投资150多万元。南楼、北楼每层四周设置宽敞的券廊，栏杆为陶质花瓶，花岗岩石板压顶；券廊上的木门窗均为双层，外层为木百叶门窗；外墙为土黄色墙面、白色拱券，线脚和券心石花饰，壁柱为仿块石饰面；天面采用传统的"筒瓦裹垄"作法，四周设有贯通的平台，女儿墙小柱顶设有葫芦状饰物；落水管采用岭南风格的陶质竹节状灰塑。整个建筑体现西方十九世纪末欧陆建筑风格。

这次修缮由五华县第一建筑工程公司负责。

（稿件来源：《广东建设报》，2000年1月8日。）

河源市中央粮库通过验收

魏安能

河源市中央粮库最近建成，并通过有关部门的验收，评为优良工程。

该粮库位于源城区东埔镇205国道旁，首期建成7个粮仓共13 900平方米，库储量5.8万多吨，土建投资800多万元，是国务院批准我省建设的16个中央直属粮库之一，由五华县第一建筑工程公司负责施工。

（稿件来源：《广东建设报》，2000年1月12日。）

获　奖

魏安能

梅州市第五届自然科学优秀学术论文评选最近揭晓。五华县第一建筑工程公司魏安能撰写的《混凝土泵送技术在工程中的应用》《项目法施工经济核算体系初探》分别评为三等奖和入选奖。

（稿件来源：《广东建设报》，1999年10月30日；

《广州建筑业》，1999年第11期。）

五华一建通过 ISO 质量体系认证

魏安能

五华县第一建筑工程公司日前通过广东质量体系认证中心 ISO 质量体系认证。

该公司组建于 1950 年，是国家建筑施工壹级企业。近年来公司致力于科技进步，实施质量兴业战略，取得了较好成绩：创"鲁班奖"1 项，省市优良样板工程 9 项、省市文明公司 12 项，"五羊杯"2 项；工程质量合格率 100%，优良率 50% 以上；取得"AA"资信等级证书，被省工商局授予"连续十年重合同守信用单位"。

（稿件来源：《广东建设报》，2001 年 7 月 11 日。）

中华全国总工会旧址周边环境整治通过验收

魏安能

全国重点文物保护单位——中华全国总工会旧址周边环境整治工程，最近通过验收。

全国总工会旧址位于广州市越秀南 89 号，始建于清末，原是惠州会馆。1925 年 5 月，在中国共产党领导下，在广州召开了全国劳动大会，成立中华全国总工会。

五华县第一建筑工程公司负责整治施工，拆除了有碍观瞻的建筑物、重铺混凝土路面、疏通排水沟、周边绿化，并对门坊和围墙灌浆加固，重新粉刷。整治后，楼庭中廖仲恺先生牺牲处纪念碑和工农运动死难烈士纪念碑分外夺目。

（稿件来源：《广东建设报》，2003 年 12 月 25 日；

《中国文物报》，2004 年 1 月 1 日；

《广州建筑业》，2004 年第 1 期。）

广州中山纪念堂"美容"

魏安能

全国重点文物保护单位广州中山纪念堂近日进行自 1998 年大修后的首次维修。中山纪念堂始建于 20 世纪 30 年代初期，主体建筑的屋面基本没有大修，琉璃瓦件不同程度出现松脱及缺损。围墙、票房、园容工作间、贵宾室等附设建筑的瓦件均有损坏。此次维修采用"查补雨漏"、"除草清垄"、"灌浆补纹"等方法，将缺损的钉帽、钩子、滴水、瓦筒、瓦片、屋脊、走兽等构件按原样复原。

（稿件来源：《中国文物报》，2004 年 1 月 14 日。）

第五篇

图片新闻篇

发黄的图片，记录着昨天的峥嵘岁月，为天下造广厦，你们事业多么美好！

一个个建筑工程，表明你们的成绩不菲。

获奖名单上有你们的名字，你们为此骄傲。

中国外运黄埔公司车库综合楼竣工验收

中国外运黄埔公司车库综合楼

1995 年 12 月 18 日，五华县一建公司广州分公司承建的中国外运黄埔公司车库综合楼竣工验收。（魏安能）

（稿件来源：《广东建设报》，1996 年 1 月 11 日。）

中国外运黄埔公司综合楼封顶

施工中的中国外运黄埔公司综合楼封顶

由五华一建负责施工的中国外运黄埔公司综合楼工程于 1995 年 10 月

26 日顺利封顶。该工程框架结构 20 层，面积 19 192 平方米，土建造价约 4 300 万元，现已进入装修阶段。（魏安能）

（稿件来源：《广东建设报》，1995 年 11 月 3 日。）

在建广东省质检中心实验宿舍楼

由广东省建筑总公司承包、五华一建负责整体施工的广东省质检中心实验宿舍楼，框架 21 层，24 830 平方米，总造价约 3 500 万元。施工中推广应用竖向钢筋电渣压力焊、SP—70 高效模板体系、自升式塔式起重机、快速垂直运输卷扬机等多项新技术、新工艺，加快了工程进度，确保了工程质量和安全生产，已于最近顺利封顶。主体结构和地下室达到优良标准，现进入全面装修阶段。（魏安能）

（稿件来源：《广东建设报》，1995 年 6 月 14 日。）

施工中的广东省质检中心实验宿舍楼

广州越秀北路 89 号综合楼

由五华一建承建的广州越秀北路 89 号综合楼，框架 19 层，建筑面积 24 159 平方米，土建造价约 3 500 万元。该楼采用砼泵送技术和预拌砼，具有保质安全、文明施工、提高工效、减少噪声污染等优点，比原计划提前 1 个月封顶，地下室和主体结构评为优良工程，现进入内外装修。（魏安能）

（稿件来源：《广东建设报》，1996 年 7 月 30 日。）

施工中的广州越秀北路 89 号综合楼

黄埔区政府机关综合楼工地搅拌站

五华一建承建的广州黄埔区政府机关综合楼，斥资 140 多万元，建起了混凝土搅拌站，全部使用散装水泥。（魏安能）

（稿件来源：《广东建设报》，1997 年 8 月 13 日。）

黄埔区政府机关综合楼工地搅拌站

五华县华兴大桥施工

雄跨琴江河的五华县华兴大桥，系五孔钢架结构拱桥。主桥全长 226.6 米，宽 18 米，引桥长 220 米。该桥由五华一建承建，于 1996 年 11 月 28 日动工，到目前已完成钻孔桩、墩身、拱架等现浇钢筋混凝土 6 500 多立方米，约占工程总数的 64%。

施工中的五华县华兴大桥

　　该桥建成后将沟通水梅、汕头和两岸沿江路的主干道，成为县城的一道风景线。（魏安能）

（稿件来源：《梅州日报》，1997 年 5 月 11 日。）

中国外运黄埔公司综合办公楼竣工验收

　　"表面平整垂直、颜色一致，质保资料齐全，现场文明整洁，符合优良标准，同意申报样板工程。"这是最近对中国外运黄埔公司综合办公楼工程的验收评语。参加竣工验收的有省、市建委和有关单位及五华县代表共 130 多人。

　　中国外运黄埔公司综合办公楼工程位于广州市黄埔区海员路 5 号，框架结构 20 层（其中地下室 1 层），建筑面积 19 212 平方米，土建造价约 4 000 多万元，是经贸委系统的重点建设项目。由五华一建负责施工。（魏安能）

中国外运黄埔公司综合办公楼

（稿件来源：《广东建设报》，1997 年 11 月 8 日；《建筑》，1998 年第 12 期。）

五华县华兴大桥通车

五华县华兴大桥通车盛况

雄跨琴江河的五华县华兴大桥,最近建成通车。该桥主桥长 226.6 米,宽 18 米,总投资 1 200 多万元,其中深圳市南山区捐资 100 万元。该大桥工程被有关部门评为优良工程。(魏安能)

(稿件来源:《梅州日报》,1999 年 3 月 20 日。)

广州陈家祠办公室、仓库修复验收

修复后广州陈家祠仓库

由五华一建施工的全国重点保护文物——广东民间工艺博物馆(陈家祠)办公室和仓库修复工程,最近通过有关部门的验收。

这次修复的重点是 1～4 号楼的仿古外墙(如图)、路面铺砌花岗岩、搭建难燃石膏板天棚、墙面装饰等项目,投资 120 多万元。(魏安能)

(稿件来源:《广东建设报》,1996 年 6 月 23 日。)

广州黄埔区机关综合办公大楼获摄影大赛优秀奖

广州黄埔区机关综合办公大楼，框架 15 层，建筑面积 35 515 平方米，平面呈半圆形，立面为"品"字形。外墙采用烟熏麻面花岗石干挂、釉面砖、玻璃幕墙和铝合金板等材料装饰，其中干挂花岗石 10 069 平方米。该工程由广东

广州黄埔区机关综合办公大楼

省五华县第一建筑工程公司和黄埔区建筑工程总公司联合施工，黄埔区建筑设计院设计。该工程被评为广东省 1999 年度优良样板工程，获广州市"五羊杯"奖。同时，由魏安能拍摄的该照片还获得由《中国建设报》主办的"怀建杯"全国创建优质工程摄影大赛优秀奖。（魏安能）

（稿件来源：《中国建设报》，2004 年 4 月 10 日。）

英德浛洸蓬莱寺塔

位于英德市浛洸镇的广东省保护文物蓬莱寺塔始建于唐咸通年间，又名"舍利塔"，宋代重建。平面六角楼阁式空心砖塔，五层，高度 23.5 米。由于历经沧桑，雷电破坏，塔体倾斜，塔内木棚荡然无存，裂缝崩塌严重，平座栏杆脱落，塔顶塔刹已不复存在。整座塔显得疮痍满目。

1994 年文管部门对该塔加固整修，由五华一建公司负责施工。按照"修旧如旧"、"延年益寿"的原则，按宋代风格复原，被评为优良工程。共耗用仿宋青砖 3.2 万多块，木材 23 立方米。塔中间一条 16 米

长的硬木刹杆，直至塔顶，上置重 2.6 吨用生铁铸造的塔刹。塔刹六角各安直径 12 毫米铁链，每条长 4.2 米，与塔檐相连，呈抛物线形，优美流畅。

从塔底层拾级而上至顶层，但闻校园书声琅琅，湖光山色，尽收眼底。（魏安能）

（注：此摄影作品参评"'岭南杯'古建筑摄影作品比赛"）

（稿件来源：《广东建设报》，2000 年 8 月 30 日。）

英德浛洸蓬莱寺塔

五华长乐学宫大成殿

五华长乐学宫大成殿

省保护文物五华长乐学宫大成殿位于该县华城镇五华中学内，始建于明成化五年（1469），清代重修，沿袭宋代《营造法式》形制，但仍保持粤东客家地区明代木构建筑的特色。大成殿背靠紫金山，坐北朝南，中轴线左右对称，面阔 24.4 米 6 柱 5 开间，进深 20 米 7 柱 6 开间，高 12.25 米，建筑面积 488 平方米。二层重檐歇山顶，抬梁与穿斗混合梁架结构。殿内 24 条 30 厘米×30 厘米的花岗岩石柱，形成内外槽平面布局，石柱高 4.5 ～12 米不等，如此高峻为全国罕见，是当时嘉应州（现梅州市）规模最大的学府。

学宫于 1995 年修复后，愈显得多姿多彩，雍容华贵；屋角起翘，自然流畅；给人以朴素、典雅的感觉。（魏安能）

（注：此作品参评"'岭南杯'古建筑摄影作品比赛"）

（稿件来源：《广东建设报》，2001 年 1 月 6 日。）

修旧如旧还历史风貌

大元帅府北楼

国家重点文物保护单位——孙中山大元帅府纪念馆经过整治修葺，近日南北主楼正式开放。

大元帅府纪念馆位于广州市海珠区，是孙中山先生 1917 年和 1923 年先后两次建立政权就任海陆军大元帅时的帅府。纪念馆始建于 1907 年，由南北两座主楼、东西广场、门楼和后花园组成，占地 7 965 平方米。整个建筑体现出西方 19 世纪末欧陆建筑的风格。

1964 年开始大元帅府旧址一直被作为办公、宿舍用房。1998 年，由筹建办接管，并拨出专项经费进行抢修。负责修复工程的五华县第一建筑工程公司按照"修旧如旧"的维修原则，挑选能工巧匠，沿用传统工法精心施工，修建后的纪念馆形制上保持大元帅府旧址建筑的原状，体现出朴素典雅的历史风貌。

随着南北主楼的对外开放，广州市文化局正紧锣密鼓进行前门楼宿舍的安置、拆迁和筹建工作。（魏安能）

（稿件来源：《建筑时报》，2002 年 4 月 8 日；

《中国文物报》，2002 年 3 月 29 日；

《中国建设报》，2002 年 2 月 26 日。）

增城万寿寺大殿通过验收

广东省文物保护单位广州增城市荔城镇万寿寺大殿，旧名法空寺，是以供奉如来佛为主的殿堂。始建于南宋嘉熙元年（1237），毁于元末战乱，明洪武十八年（1385）重建，清乾隆、嘉庆年间和1992年春重修。

增城万寿寺大殿

这次维修的主要项目：揭瓦重铺，重做脊饰，更换腐烂的桷板、桁条、檐柱；金柱补强加固；重做木格窗棂、大门等。

维修中保留元明岭南建筑风格，适当恢复明代装饰特征。经专家验评，维修质量评为良好。（魏安能）

（稿件来源：《广东建设报》，2006年11月3日。）

工地新风扑面来

五华一建公司自今年4月初承建黄埔区政府机关综合楼工程以来，狠抓施工现场规范化管理，确立文明施工先进工地目标，整个工地处处荡漾着文明之风。（魏安能）

图① 整齐划一的工人饭堂

TANGSHI SUIBI

图② 井井有条的工人住房

图③ 工地厕所地面和墙裙用彩釉砖、马赛克镶贴，配置圆球冲水阀

（稿件来源：《广东建设报》，1997 年 8 月 16 日。）

第六篇

人 物 篇

　　事在人为，五华一建取得如此辉煌的成绩，离不开"领头羊"们的出色贡献，他们勇于开拓、敢于创业的精神，深深地影响着身边的人，限于篇幅，在此只列几位模范。榜样的力量是无穷的，时刻给人以振奋的力量，不待扬鞭自奋蹄。

精心施工创品牌

——近访五华一建项目经理曾桓雄

魏安能

最近对曾桓雄来说，可谓双喜临门。其一，广州市 1998 年度优良样板工程评选揭晓（共 52 个），他承建的中国外运黄埔公司综合楼榜上有名；其二，曾桓雄新当选为五华县第六届政协委员。

盛夏的一天，记者如约在黄埔区机关综合楼项目经理室，见到了刚开完五华县政协会议返回广州的曾桓雄。据了解，中国外运黄埔公司综合楼，框架 20 层（地下 1 层），建筑面积 19 212 平方米，土建造价4 000 多万元，是经贸委系统的重点项目。该项目部曾创外运公司一流样板工程，这个项目是免于招标奖给该项目部承建的。所以，他非常珍惜这次机会。

近年来，曾桓雄主持施工的广州港务局解放村住宅楼、新港综合楼、新港水手楼等项目均评为优良工程，优良率达 95%。因此，有"优良工程专业户"的雅号，成为梅州市驻穗施工企业众多项目经理中的佼佼者。

当记者请教"秘诀"时，曾桓雄坦然一笑：唯有认真、负责。

随着《建筑法》的颁布，建筑市场逐步规范，赋予质量管理新的内涵，话题由此开始。我认为，首先从思想意识抓起。曾桓雄打开了话匣。主要从四方面努力。一是目标管理。外运综合楼工程在编制施工方案时就确立"市优"目标，公司正副经理参与管理。并将质量指标分解到各生产要素管理层和班组，实行动态管理。质量重担人人挑，个个肩上有指标，增强群体创优意识。二是思想教育。经常在员工中进行"用户至上"、"上一道工序为下一道工序服务"、"质量是企业的生命"等职业道德教育。做到"三满意"（业主、用户、施工单位满意）。三是激励机制。为引导和激发全员的创优热情，为提高工程质量出谋献策，对现场工程技术人员建立奖优罚劣的激励机制。凡创省优奖 5 万元，市优奖 3 万元。四是做到"四同时"。加强质量检查的同时抓好质量动态管理；抓好土建的同时抓好水电配套质量；抓好操作质量的同时抓好材料和半成品质量；抓好现场实体质量的同时抓好技术资料的质量。

其次，施工中强化管理。项目部为了保证质量目标的实施，采取种种措施。①质量攻关小组。比如地下室工程侧重解决渗漏难关，三次论证修改施工方案，采用连续法施工，底板砼一次浇捣完成，解决了留施工缝的矛盾；主体框架重点抓砼强度等级和垂直度控制，砼配合比按设计专人负责计量，定人跟班。消除了蜂窝、露筋、麻面等质量通病。②块料镶贴的质量控制。装饰工程是建筑施工的精细活，不能有丝毫马虎。外墙镶贴长条砖先进行模数计算，墙角、窗台角等转角磨成45°斜角，箱箱挑选检查，保证尺寸颜色统一，接缝紧密。③样板引路。坚持技术交底在前、施工在后的施工方法，落实"四定"责任（定人、定岗、定位、定责）。先做成样板房，经业主、质监、设计、施工等单位确认后，才推开施工，确保一次成优。④严把材料关。原材料和半成品是保证工程质量的关键，工地有材料验收制度，对进入现场的各种材料、构件必须符合国家标准，要有合格证、检测报告等。同时必须经材料员、施工员、质安员三级验收合格后方可进入现场。整个工程的石灰用量140多吨，全部从远在360多公里的五华运来。

最后，安全文明施工是贯穿质量活动全过程的主要内容。假如施工现场脏乱差，险象环生，其质量水平是可想而知的。因此，我们十分注意对员工的安全文明教育，努力创造一个良好的工作环境，保障员工的身心健康，新工人经过三级安全教育合格后才上岗。近年来共创建了5个市文明工地。尤其是这次评为市样板的黄埔外运综合楼，连续三年荣获文明工地、文明样板工地和第三次"识名城、爱广州"活动十五佳先进单位之一等殊荣。

当谈到今后的打算时，曾桓雄显得信心十足。在建的黄埔机关综合楼，框架15层，35 515平方米，预计年底竣工。请了市建联合会、质监站专家现场跟踪指导。至于质量目标，当然要创品牌，摘取中国建筑工程质量的皇冠——鲁班奖。

（稿件来源：《广东建设经纬》，1998年第10期；《广东建设报》，1998年7月1日；《广州建筑业》，1998年第8期。）

艰苦创大业　追求无止境

——记一九九六年度省建设系统优秀经理周煌权

何富东　魏安能　万新建

在 1996 年省建设系统优秀经理的名单中，五华一建公司总经理周煌权荣列其中，这是他继 1989 年之后的第二次当选。

周煌权 1987 年底任五华一建公司总经理。当时的五华一建债台高筑，经济包袱沉重，办公场地简陋，工程业务少之又少，公

五华一建公司总经理周煌权

司人心涣散。周煌权通过调查研究，认真总结公司的经验教训，根据改革开放后建筑业的新形势、新特点，迅速调整了公司的经营体制，加强管理，建立以岗位责任制为中心的各项规章制度，并在企业内部倡导"艰苦创业，爱我企业，用自己双手改变公司落后面貌"的精神，带领干部职工走艰苦创业之路。1988 年，公司不仅还清了全部贷款，还盈利近 20 万元。

初战告捷，周煌权并没有满足，为进一步振兴企业，他把全部身心都放在了公司，他在考虑大力发展县内建筑业务、扎稳根基的同时，又把眼光放在抓县外工程业务、扩大公司生产经营上。为此，他亲自建点跑市场联系业务，使工程业务迅速拓展到广州、深圳、惠州、河源、梅州等地。经过几年的艰苦创业，公司业务蒸蒸日上，1991 年完成产值 2 008 万元，创税利 93.7 万元；1994 年产值突破亿元大关，税利达 600 万元；去年实现 1.44 亿元产值，创税利 718 万元，企业经济效益年年上新台阶。

在抓经济效益的同时，周煌权更注重抓工程质量和安全生产，走以质量信誉占领市场之路。近年来，该公司承建的工程竣工验收合格率为 100%，优良率在 45% 以上，企业连续 39 年无重大伤亡事故发生，年年被上级评为"安全生产先进单位"。

经济效益提高了，周煌权注意改善职工的工资待遇和福利，改善工作

和生活环境，实现"两个文明"建设并举，公司创办了职工幼儿园，兴建了五幢职工住宅楼，投资 80 万元建起了 2 000 平方米的办公大楼。对退休工人，每月除发足退休金外，还额外发 30 多元生活补贴，年终给慰问金。与此同时，周煌权用艰苦创业精神教育五华一建人，并从自身做起，他的办公室，没有豪华的装修，没有空调，出差到分公司，他都与员工吃住在一起。五华一建的精神文明建设得到了上级的肯定，多次被评为精神文明建设先进单位。

"路漫漫其修远兮，吾将上下而求索"，对取得的成绩永不满足的周煌权正向更高的目标迈进。

（稿件来源：《广东建设报》，1997 年 9 月 27 日。）

不待扬鞭自奋蹄

——记全国优秀村镇建设工作者李妙新

魏安能　吴振雄

　　五华建委城乡建设组组长李妙新最近被建设部授予全国优秀村镇建设工作者称号（全省共 8 个）。在五华建设大厦办公室，记者见到李妙新，他瘦小的身材，显得精明干练。当记者向他表示祝贺时，他谦虚地笑了笑：我不过做了很平常的工作。

　　李妙新在 1976 年 1 月由部队转业到五华，从建管站、基建局到建委，在建设战线奋斗了 20 多个春秋，职务几经变动，但他从不计较个人名利得失。

　　1990 年春，组织上要李妙新负责村镇规划建设工作。当时，五华的村镇建设是一片空白。上任伊始，他不顾年迈体弱，疾病缠身，和组内的同事一道踏遍了全县村镇的山山水水。在建委领导的支持下，他起草了《五华县乡镇村规划建设管理实施办法》，由县政府发文实施，从而使全县的村镇建设纳入有章可循的轨道。

　　20 多年的军旅生涯养成了他雷厉风行的工作作风。据不完全统计，他每年到乡镇测量、规划不少于 180 天。1993 年春，安流镇万龙小区急需测量、规划，他和同事驱车 20 多公里赶到现场，坚持在春寒料峭的潇潇雨中测量 10 多个小时，如期完成了小区规划任务。安流镇委、镇政府在感激之余，给他们赠送一面"技术一流、服务基层"的锦旗。

　　经过三年多的努力，到 1993 年底，他们完成了全县 30 个乡镇的总体规划修编，并荣获梅州市乡镇总体规划二等奖。

　　1994 年，该县的村镇建设工作重点向管理区（中心村）、农民新村和开展"岭南杯"活动转移。他找领导、跑部门，取得建委领导和县领导的重视支持。他拟写了《五华县农民新村建设宣传提纲》，并印制了 3 000 多份发至全县管理区以上单位。为提高基层规划人员的业务水平，他自己编教材授课，培训村建助理员 120 多人次。面对全县 400 个管理区（中心村）规划的繁重任务，组内只有 3 个人，他率先垂范，经常对年轻人进行思想作风和职业道德的教育。如组内有位刚从学校出来的年轻人，李妙新不厌其烦地言传身教，使他很快适应了工作环境，经组织考察，被提拔为副组长。

村镇建设规划涉及基层的方方面面，违反规划的事时有发生。每当碰到这样的事，他总是认真听取意见，耐心做说服教育工作。仅去年就接待了 8 宗 50 多人次。一次有两个镇在规划区内违章搞建筑，他发现后及时将情况向建委和县委反映，及时制止了违章行为，保证了规划的实施。

规划工作忌盲目性。李妙新在建委领导的支持下，重点抓南（龙村）、中（河东）、北（岐岭）等的试点工作，取得经验后迅速在全县铺开。1994 年"岭南杯"达标竞赛，华城镇获省"表扬奖"；到 1996 年底已完成 250 个管理区的新村规划，占总数的 62.5%，已动工兴建的有 95 个。五华县的村镇建设工作经验得到了上级的肯定，多次在省、市报刊上登载。

一分耕耘，一分收获。在李妙新的模范行为影响下，他所在的组连续多年被评为先进集体和文明科室；他本人被评为先进工作者和优秀党员。

满目青山夕照明。年逾花甲的李妙新，仍像一头不知疲倦的"老黄牛"，为五华的山区建设站好最好一班岗。

（稿件来源：《广东建设报》，1997 年 6 月 10 日；《梅州日报》，1997 年 6 月 14 日；《广东建设经纬》，1997 年第 7 期。）

从维修补漏到样板工程

——五华一建项目经理、工程师曾桓雄写真

魏安能

位于广州黄埔的中国外运黄埔公司综合楼，曾获广州市 1994 年、1995 年文明施工工地、文明施工样板工地等殊荣。最近又被评为广州市十五佳文明建设工地之一。该工程的组织施工者，是来自梅州山区的五华一建公司项目经理、工程师曾桓雄。

曾桓雄已届不惑之年。他在 1979 年高中毕业后，开始在广州等地建筑行业工作。先是做些修修补补、防潮补漏的活儿。他抱着服务至上的宗旨，认真做好每一项工作。1988 年，外运黄埔公司东江仓和广州港务局等单位屋面大面积渗漏严重，几经修补均不能解决问题。后来，他们找到曾桓雄。曾桓雄和工程技术人员一道，到现场找原因，制订修补方案，终于攻克了屋面渗漏难题，并由此与甲方建立了同志加朋友的浓厚感情。

多年的维修工作，磨炼了他的意志，为他日后施展才干奠定了基础。

1991 年冬，中国外运黄埔公司车库宿舍楼（4 510 平方米、框架九层）实行招标，报名者很多。他们从 11 家公司中筛选出 3 家公司参加竞投。甲方对曾桓雄说：这回就凭你的真本事了。因为标底由建行编制，直到各投标单位将标书送到基建办后两天，标底才确定。一切都在严格保密之下进行，谁也无门路可走，全凭实力。曾桓雄以最佳报价中标。经一年的精心施工、科学管理，工程如期竣工。在验收会上，来自广州市和五华县有关单位代表，都为其高水平的工程质量而折服。甲方的领导感慨地说：无论是工程质量还是队伍素质，都是堪称一流的。黄埔质监站的同志认为，目前黄埔区内还没有这么好的质量。该工程以分部工程优良率100%，观感得分率 88.50% 的成绩，获得广州市 1992 年度优良样板工程和文明施工工地称号，成为梅州市驻穗施工企业首个样板工程。首战告捷，引起同行瞩目。

甲方将一幢 20 层、建筑面积 19 192 平方米、土建造价约 4 300 万元的综合楼工程奖给曾桓雄所在的项目部承建。曾桓雄他们从 1994 年 5 月进

场，经过两年多的施工，室内装修已完成 80%，外墙块料镶贴完成 95%。偌大的施工现场，楼上楼下，干净整洁，他们为保证工程质量可谓费尽心思。如整个工程石灰用量 140 多吨，全部从远在 360 多公里的五华运来；彩釉砖开箱后挑选统一尺寸，进行模数计算，转角衔接处磨成 45°斜角，保证拼缝均匀；每个分项工程先做成样板，这使不少欲揽活干的包工队"退避三舍"；他对现场施工技术人员实行激励机制，工程质量达到市优奖励 3 万元、省优奖励 5 万元。这项工程的安全文明施工取得骄人业绩，广州电视台等新闻媒介予以报道，广州市建委将这个工地施工情况，拍成文明施工专题片。在今年 4 月 5 日"共建美好家园"文艺颁奖晚会上，曾桓雄所在单位是 42 个受表彰单位之一。他本人被广州市安委会授予"1994年、1995 年安全生产先进个人"称号。

今年 6 月，广州港务局"钟情"曾桓雄组织施工的工程的质量，盛情邀请他参加家属宿舍工程投标，结果又一举中标。现在九层框架已顺利封顶，基础的主体结构达到优良标准。甲方给予高度评价，认为这是该局建设的工程中质量最好的一个。

市场竞争是人才的竞争，高素质才能带来高效益。曾桓雄不断提高自我素质。他在繁忙的工作中，每天抽时间从开发区往返 20 多公里到省建委培训中心参加学习，从而在一建公司内首个获得项目经理资格证。他属下拥有一批有技术、善管理的各类技术人员。施工员、质安员、预算员和特殊工种人员等持证人员达 110 多人。

每谈及此，他说："宁愿少赚钱，也要把工程质量抓好。"这是多么朴素而又实在的话啊。

（稿件来源：《广东建设报》，1996 年 11 月 1 日；《广东建设经纬》，1997 年第 11 期。）

第七篇

石雕工艺篇

　　石雕，以其端庄、典雅、古色古香的形象，丰富的文化内涵引人入胜，使人流连忘返。创造石雕的人，是能工巧匠，更是美的使者。五华石雕有400多年历史，现已列为广东省第二批非物质文化遗产名录。

广州北回归线标志

魏安能

位于广州从化太平场油麻埔的广州北回归线标志，是目前世界南北回归线上一座规模最大最高的标志塔。总占地18 666平方米，分为塔主体工程，附属设施和果园三部分。

标志塔主体工程：其塔形系混凝土花岗石砌混合结构，分塔内、塔身和塔顶三大部分。塔高23.5米（示北回归线纬度数），连塔台整座高为30.4米。塔台占地1024平方米，分三层，首层高1.35米，9级台阶；二层平面宽20米、高1.35米，9级台阶；三层为塔底，9级台阶，内为半球面，呈凸圆形，直径9米，

广州北回归线标志

高1.75米。三层共27级台阶。一、二层台阶采用石栏杆。塔台全部用花岗石砌成，塔台地板以象征性八卦排列，石栏雕琢简单图案，富有民族特色，寓示中国大地。塔身似火箭。基座高7米，基部莲下圆锥形混凝土结构，高7米，东、南、西、北各有拱门，以便游客进内站在中心可望顶球。塔底呈球面状，正中铺花岗石，雕刻一半球形轮廓，以直径4厘米黄铜柱嵌入中心点，以示广州位置。并沿东西向镶嵌粗铜条，以示北回归线绕着地球分向东西无限延伸。莲上塔身全部由花岗石岩砌成，塔身四翼，分示南东、南西、北东、北西。塔内径从5米缩至1米，塔身厚由80厘米缩至20厘米圆形听基座，正面刻上"北回归线标志"（字大60×60厘米）并贴金箔，醒目大方。塔顶部是不锈钢筒托直径120厘米的空心铜球，是用26块3毫米厚的铜板焊接而成，暗含6月21日（或22日）夏至日之意。中间有一个直径10厘米的圆孔，供太阳直射校验，发光的铜球上有5条红线，中间一条红实线代表赤道，南北23.5°两条红虚线代表南北回归

线，南北 66.33°两条红虚线为南北两极圈。同时铜球又象征太阳，在阳光的普照下，在花岗石（石英、云母）的闪烁下显得格外雄伟，当夏至日太阳直射铜球中空，光点投影到塔顶球面铜柱点上，表示直照广州，北回归线由此经过，证实了太阳直射北线上，从此，太阳也就不再向北直射，而是向南回归，直至南半球南回归线上夏至日直射，再向北来回移动，年复一年，始终在南北回归线间循环。

此工程由从化市人民政府承建，五华一建广州分公司负责石作工程施工，共用花岗岩块石 7 000 多块。于 1984 年 12 月动工，1985 年 12 月竣工。

（稿件来源：《广东建设报》，1995 年 6 月 20 日；《建筑》，1988 年第 10 期。）

石雕工艺　流芳千古

——访五华一建石雕工程师魏如清

魏安能

在广州市十大旅游美景之一的云山锦绣内，有两处石雕作品与苍翠的白云山风景交相辉映，吸引无数游客留下倩影。其一是位于山南三台岭内以"和平"为题材的椭圆形红砂岩石雕；其二是位于九龙泉上方的碑林。

广州云台花园"和平"雕塑

这些杰作显示中华民族的灿烂文化，凝聚着五华一建能工巧匠的聪明与智慧。

在一个风和日丽的上午，记者相约该项目经理、工程师魏如清前往一游。

轿车往白云山驰去。言谈中得知魏如清不仅对石雕工艺情有独钟，而且在土木建筑方面亦小有名气。他高中毕业即从师学石工。1986 年完成的广州动物园"欢乐世界"，是他的代表作。整个建筑以花岗岩石砖为主体，体现欧美建筑风格。该工程竣工后，广州电视台等作了报道，现收录在《五华县志》内，去年完成广州雕塑公园红砂岩石砖围墙等石作工程，都获得好评。

进入园内，遥望山坳上突兀矗立的"和平"石雕，形似地球仪，四周绿草如茵，在阳光映照下，分外醒目。

"和平"石雕高 10 米，直径 10 米，用规格 60 厘米×60 厘米×40 厘米的红砂岩 1 100 多块拼砌而成，面积为 350 多平方米。用粗线条的表现手法，勾勒出一幅栩栩如生的画面：双手托起希望的太阳；五角星、树叶、抽象的几何图案点缀其间；飞翔的和平鸽，寓意祥和幸福。

石雕工艺全凭手工和灵感。在椭圆形的物体上雕刻难度较大。为此，

广州动物园"欢乐世界"

白云山碑林区内的花岗岩人物浮雕

从采料、加工、拼装、雕刻等工序都要非常认真，严格把关，将误差率控制在允许范围内。该工程受到园林局的好评，被评为优良工程。李鹏总理参观后，盛赞作品构思新颖，雕工精湛。

位于白云山半山腰九龙泉上方的碑林，占地16 900多平方米，以室内置碑、室外立碑、摩崖碑刻等形式融汇于园林与自然胜景之中，可谓凝结园林造景手法之大成，集诗人、书法家之精华，荟萃云山珠水奇观。

沿台阶步入山门，有一堵长25米，高2.6米的花岗岩浮雕赫然入目。上面雕刻着八仙、葛洪、刘永福等19个人物，形态各异，他们源于一个个古老而美丽的传说。细看之下，整幅石雕是用118块花岗岩拼凑而成，雕工细腻，小至眉眼、服饰、花卉等均清晰可见。

人像雕刻在技术上要复杂得多，石匠师针对不同岩石的特点进行不同的加工与处理。首先把岩石开凿出来，勾勒出轮廓，用大钻子凿出毛坯、再用小钻子粗加工，然后再用小锤子敲去粗加工的痕迹，直至面部等重要部位用斧刃剁、扁刀铲等细部处理。然后综合运用阴浅刻、线浮雕、高肉雕、圆雕等各种表现手法，使主题突出，形象生动。

书法石雕讲究细致认真，神韵兼备，否则容易造成失真，偏移走样。在众多的碑刻中，尤以曾景充书的《景泰禅师传》独具神韵。碑高3.3米，面宽2.2米，厚25厘米，重约5吨，共319个字。碑石从福建泉州运至白云山现场加工，原粗坯重约10吨。在九龙泉旁搭起木架平台，层

曾景充书法碑刻

层往上移动，经过三个平台方告完成。该碑气势恢宏，被学者喻之为镇山之宝。

下山的路上，隐隐传来"叮啮、叮啮"的斧凿声。魏如清告诉记者，这是工人们进行室内碑刻的加工，现已完成50多块。

蝉噪林愈静，鸟鸣山更幽。这一文化景区的巨匠之作，对弘扬中华民族文化和岭南文化具有重要意义。

（稿件来源：《广东建设报》，1997年7月9日；《梅州日报》，1997年7月27日。）

西汉南越王墓的石雕艺术

魏安能

西汉南越王墓博物馆（南越国第二代文帝赵眜，在位 16 年，前 137 年—前 122 年）坐落在广州闹市风景秀丽的越秀公园西侧，是一个融历史、文化、教育、艺术于一体的旅游胜地。

该馆的建筑风格独具匠心。大门、展馆、陈列楼、墓址、回

南越王墓陈列馆步级

廊、台阶、平台等，全用清一色的红砂岩石块雕刻饰面。其精湛的石雕工艺，独特的建筑构思，丰富的文化内涵，使无数游客驻足观赏，拍照留念。江泽民总书记称赞博物馆的建筑与文化都很好，是进行爱国主义教育的好教材；李鹏总理参观后欣然挥毫，写下"岭南文化之光"的题词。

博物馆位于解放北路象岗山（该山为海拔 49.71 米的风化花岗岩小石岗，1983 年秋，在山顶基建平土，降低 17 米后，发现此石室墓。出土文物一千多件套，是岭南地区迄今所发现的年代最早、规模最大的一座汉代彩绘壁画的石室墓，曾列为中国的五大发现之一），依山就势，叠层而筑，坐西向东。以古墓为中心，将综合陈列楼、古墓原址和主体陈列楼三个不同序列的空间，连成上下沟通的群体，愈显得气势恢宏。大门正面采用红砂岩凹形门浮雕艺术墙构思，长 35 米，高 12.4 米，由 13 000 多块红砂岩石砖垒砌而成。如两座石关，耸立在 2 层的基座上。左右两幅巨型浮雕，是象征西汉文化的龙纹与虎纹；头顶日月的男女越人；在首层基座下方，左右各立一对古典圆雕石虎，显露出跃然飞扑的动感，既雄浑古朴，又凝重粗犷。把观众从现代文明一步步带到 2100 多年前的古文化面前。

由凹形门口进入馆内，又是层层台阶，拾级而上，渐至山顶，顿觉豁然开朗。展现在眼前的是曲折迂回的红砂岩回廊；古墓原址静卧在如茵的绿草间；红砂岩石块砌筑的主体陈列楼，高约 10 米，巍峨壮观，庄重肃

穆。再现了南越王当年开拓疆土，叱咤风云的王者风范。

南越王墓正门、红砂岩浮雕

据介绍，石雕题材是依据挖掘出随葬品中的图形，再进行艺术创作加工的，浮雕用拼图形式。雄踞大门平台上的古典红砂岩石虎，取自出土的错金铭文虎节，是典型的楚文化的风格，看似粗糙，却形神兼备，具有一种原始韵味。大门两翼各站立高达 8 米的男女越人浮雕，赤足操蛇，象征吉祥如意，驱除邪恶之意，取自出土屏风构件中越人操蛇的形象。主体陈列楼门口的两幅船纹浮雕，是取自出土的青铜提筒身上的图案。船身呈抛物线形流线，两端起翘，周围有海鸟、海龟、海鱼等动物。船上的兵士头戴羽冠，腰束羽裙，手操兵器，或摇橹，或击鼓，或张弓，或搭箭，形态各异，俨然一幅活生生的海战凯旋图。寓意南越国国泰民安的盛世时期。难怪外国游人参观后连连称赞：中国石雕，OK！

最近，回廊续建工程已竣工验收，200 多米长的回廊为博物馆锦上添花，避免游人雨淋日晒。同时，南越王墓博物馆已与中山大学等 10 所大中学校共建成爱国主义教育基地的"第 2 课堂"，成为广州市的又一道亮丽风景。它将以更加丰富多彩的风貌展现在世人面前，以便中外学者和广大游人观赏。

（稿件来源：《建筑》，1998 年第 6 期；《中外建筑》，1998 年第 4 期；《广东建设报》，1996 年 8 月 23 日；《南方日报》，1996 年 4 月 10 日；《广州日报》，1996 年 5 月 7 日；《梅州日报》，1996 年 4 月 24 日；《广东建设经纬》，1996 年第 4 期；《广州建筑业》，1998 年第 6 期；《长江建设》，1997 年第 6 期；《建筑工人》，1997 年第 7 期；《广州文博》，2004 年第 1 期。）

广州重修巴斯墓地

魏安能

重修后的巴斯墓石棺

巴斯教徒墓地位于黄埔区长洲岛的巴斯山，是世界最古老宗教之一——琐罗亚斯教（俗称巴斯教）教徒的墓地，已有 150 多年的历史。墓地占地五亩，共有十四座，其中成人墓十一座，婴儿墓二座及死产胎儿墓一座，坐北向南排列。墓穴用花岗岩石材砌成阿拉伯式的石棺，石棺大小、形制大体相同，碑文刻在石棺盖上。注明死者姓名、籍贯、年龄、宗教信仰及死亡日期。碑文为英语和古吉拉特语两种文字。最早葬于 1847 年，最晚葬于 1923 年。2002 年 7 月公布为广州市文物保护单位。

由于疏于管理，墓地已受到自然与人为的侵害，残破损毁严重，石构件被掀翻在杂草丛中，有的断成三四截，石棺下陷、移位。本来就人迹罕至的荒山，愈显得荒凉。

据了解，巴斯人在华从事经商 200 多年的历史中，主要在穗港澳三地活动。如今澳门的巴斯墓地已经位列世界文化遗产之中，香港的巴斯墓地也修缮得很好。因此广州巴斯墓地的保护便引起多方的关注。

负责修复的五华县第一建筑工程公司按照不改变现有墓穴的形制及位置的方案，将丢弃于荒山野岭的石构件收集拼装，缺失部分按原尺寸、样式、材质重新打造，200 多米长的混凝土登山墓道延伸至山顶，墓园周边环境进行绿化整饰。修复之后的巴斯墓园将显现出重大的历史文化价值。

（稿件来源：《广州建筑业》，2006 年第 1 期；《广东建设报》，2005 年 12 月 30 日。）

《石匠之乡——五华》开拍

魏安能

由中共梅州市委宣传部、五华县委宣传部和梅州市电视台联合录制的电视专题片《石匠之乡——五华》，最近在五华县城水寨镇开机。

该摄制组深入到五华县城乡、广州、深圳、珠海、佛山、从化等地，采访企业家和能工巧匠，以纪实手法，讴歌五华人民勤劳朴实的"硬打硬"精神和巧夺天工的石雕艺术。

五华石业已有四百多年历史，足迹遍布印尼、新加坡、越南、中国香港及北京、湖南、江西、福建、广州等国家和地区。见于志书，最早的为五华县转水镇黄龙石桥，"以木架之，嘉靖十六年（1537）易以石"（现已毁）。现遗存在五华县境内的明清石结构建筑，均保存完好。如：华城董源桥；双华英烈庙；绵阳天柱山的西天别境宫、灵应宫、喜雨宫；桥江的福寿宫、德源宫；大坝七都围龙门第牌坊；狮雄山塔基础全部用条石砌筑。长乐学宫、狮雄山塔和英烈庙已列为广东省文物保护单位。值得一提的是，广州圣心大教堂全用花岗岩建造，又称"石室"，当年由五华石匠施工，历时25年，现列为全国重点文物保护单位。

新中国成立后，五华石业得到长足发展，石匠们纷纷投身祖国建设。北京天安门金水桥、人民英雄纪念碑；江西南昌起义纪念碑；越南哥龙河石拱桥；广州烈士陵园、五羊石像；广州解放纪念像、南越王墓石作；珠海渔女石像；佛山铁军公园陈铁军烈士汉白玉像等。雄跨琴江河的五华水寨大桥，跨拱40米，全部用花岗岩建造。建成通车后，轰动一时。时任中南局书记陶铸同志题写"水寨大桥"四字。这些石雕作品，无不凝聚着五华石匠的高超技艺和聪明智慧。

该纪录片全长约30分钟，将在中央电视台和广东电视台等频道播出。

（稿件来源：《南方工报》，1995年8月2日；《广东建设报》，1995年8月1日。）

广州烈士陵园《叶剑英》像

广州海珠广场《广州解放纪念》像

广州越秀公园《五羊》像

珠海海滨公园《渔女》石像

佛山铁军公园《陈铁军烈士》汉白玉石像

五华县《水寨大桥》

第八篇

闲 情 篇

　　生活的富足，在于有一双善于发现美的眼睛，本篇通过作者入微的观察和细心体会，把自己的喜悦之情，洋洋洒洒倾注于笔端，先后介绍云南石林、雁南飞、灵山胜境、侏罗纪恐龙世界、昆明"三道茶"……

石林美景不胜收

魏安能

有"天下第一奇观"美称的云南石林，位于云南省昆明市东南八十六公里的路南彝族自治县境内，是世界闻名的旅游胜地，阿诗玛的故乡，也是我国首批确定的四十四个国家级风景区之一。这里有优美的湖光山色，美丽动人的传说，如诗如画的民族风情。

云南石林

石林是世界典型的喀斯特地貌，它经风雨剥蚀，形成怪石嶙峋、群峰壁立、纵横交错、千姿百态的天然景观，远望犹如莽莽苍苍的森林。石林分为大石林、小石林、外石林三个景区，面积约为三百五十平方公里，游程达五公里。

大石林位于石林风景区的中部，景点达三十八个之多。这里奇峰怪石耸立，错落有致排列，或交织于池，或交织于湖，石水相映，妙趣横生。

在石林入口处，有一石林湖，是根据周恩来总理的意见于一九五八年人工开凿而成的。在碧波粼粼的湖面上，数根形似观音的石柱伫立湖中，名曰"出水观音"，仿佛在祈祷游客平安吉祥。

进入大门不远，在一片翠绿的草地上，一扇大似锦屏的"石屏风"拔地而起，峰腰上留下文人墨客笔力遒劲的"石林"、"群宕拥翠"、"南天砥柱"、"天下第一名山"等镌刻。游客纷纷以其为背景留下倩影。

穿曲径、石廊，过天桥和亭台，进入林海，恍若置身于梦幻般的境界：回首梳理双翅的"凤凰梳翅"；两峰之间，上夹一巨石危悬欲坠的"千钧一发"；池中一峰矗立，如利剑直刺苍穹的"剑峰刺天"；群宕间状如亭亭玉立莲花的"莲花盛开"；似双手合掌，盘腿而坐的"仙人打坐"等景点，使人目不暇接，流连忘返；"鸳鸯戏水"、"鱼跃水面"、"野猪觅食"、"猫鼠相聚"等惟妙惟肖的象形石，则令人捧腹。

景区内有一天然舞场，热情俊美的导游小姐与你手拉手围成圆圈，跳起富有彝族风情的"哒哒舞"，给游客平添几分情趣。

沿着曲折迂回的山路，徐徐而上望峰亭，纵目望去，层林尽染，群峰竞秀，怪石玲珑，涛声阵阵，令人不禁惊叹大自然的鬼斧神工。

进入小石林，石峰显得疏朗、高耸，奇峰峭拔，怪石嵯峨，林间绿草如茵，别有一番情趣。此处主要有"唐僧石"、"阿诗玛"、"石簇擎天"、"金鸡啼晓"、"灰熊迎客"等十多个景点。

"唐僧石"形似《西游记》中的唐玄奘，身披袈裟，隐隐透出超凡脱俗的风骨；矗立在玉清池畔的"阿诗玛"，显得丰姿绰约。这里有一个动人的传说：阿诗玛是一位聪明美丽的撒尼族姑娘，她与心爱的阿黑哥为追求幸福的爱情，与富人进行不屈的抗争。后来富人勾结山神暴发洪水，阿诗玛被淹死后化成一块石头。根据这个传说改编的电影《阿诗玛》的形象深深印在人们心中，激励着人们勇敢地追求自由与幸福。每年的农历六月二十四日，当地撒尼族人在阿诗玛石峰前进行一年一度的"火把节"。欢歌酣舞，通宵达旦。

外石林位于大、小景区之外，近三十个景点星罗棋布散落在山野间，形成境幽而地僻、岩壑而峻险的奇妙景观。

在旷野间，有一座拔地而起十一米高的石峰，顶似圆锥华盖，下若圆柱状，宛如一株巨大的"万年灵芝"；神似五位老翁闲坐，悠然自得的"五老峰"，颇有"采菊东篱下，悠然见南山"的韵味；还有"母子偕游"、"苏武牧羊"、"求佛心切"、"李信与红娘子"、石林崖画、石瀑布等景致令人大饱眼福，叹为观止。

山得水而活，水得山而媚。石林之景，乃笔墨难于描绘，镜头难于尽收。昼夜晴雨，晨曦晚霞，又显得变化莫测。借用宋代胡铨《潭石岩》一诗为证：此处山皆石，他山尽不如。固非从地出，疑是补天遗。

（稿件来源：《广东建设报》，1996 年 12 月 13 日；《广东建设经纬》，1997 年第 10 期。）

云雾入画雁南飞

魏安能

　　海拔 1 300 米的粤东名胜阴那山麓，北挡南下的寒流，南迎亚热带海洋性气候，形成得天独厚、云雾缭绕的独特环境，造就了一个茶叶生长的理想天国，这里不仅有数千亩青翠欲滴的茶林，而且分布着大片的优质果园及绿化群。

　　这就是著名侨乡梅州集旅游、文化、茶业于一体的新兴旅游胜地——雁南飞茶田旅游度假村。

　　汽车往梅城东南方向驰行。水田、树林、蕉林交相辉映，散落在丘陵、田野间的古朴客家民居，飘出袅袅炊烟。好一幅"喜看稻菽千重浪、遍地英雄下夕烟"的希望田野图。曲曲山回转，别有一重天。大约 40 分钟，便到度假村门口，二块重叠的巨石突兀耸立，上书"雁南飞、茶中情"六个遒劲大字，倍觉亲切。

　　度假村依山俏立，富有欧陆风情的 10 多幢豪华别墅，掩映在绿树丛中，山顶清溪流淌其间，显得十分幽雅；茶情阁仿少数民族的吊脚楼，用竹木依山搭建，凭栏眺望，茶园风光尽收眼底；泡浴在由山顶清泉引入的大型游泳池内，洗涤尘埃，十分惬意；在网球场内挥拍，可一展矫健身影；在茶艺馆免费品尝色、香、味、形俱佳的茗茶，领略茶艺的精髓，从中陶冶胸襟，达到超凡和谐的境界；雁南飞酒楼特制的茶田映月汤、苦丁茶炖乌鸡等佳肴，使人一饱口福。

　　入夜的雁南飞是静谧温馨的，和着花香的负离子清新空气，使人心旷神怡。一盏盏随山路透迤的路灯，泛着昏黄的光。苍翠欲滴的一片片叶子，在淡淡的灯光映衬下，愈发绿油油的，一尘不染。

　　置身在茶田这片绿色世界里，龙眼、芒果、荔枝、枇杷等岭南佳果竞相媲美，茶树、果树枝丫相通，陶冶出雁南飞茗茶花香果味的卓越风华。

　　经过几年的精心建设，往日的荒山变成新兴的度假胜地，并被列为省环境教育基地和全国高产、优质、高效农业标准示范区。今年夏参加省山区综合开发工作会议的代表兴致勃勃莅临观光。中共中央政治局委员、省委书记李长春，省长卢瑞华为眼前美景所动，即兴赋诗。李长春诗：云雾入画雁南飞，山民喜住柚子楼，梅开二度创新业，咬住青山奔康路；卢瑞华诗：白云底下雁南飞，万绿丛中人忘回，山泉果树真堪美，引来凤凰筑巢归。

（稿件来源：《广东建设报》，1999 年 10 月 9 日。）

灵山胜境醉游人

魏安能

马山半岛位于无锡太湖国家旅游度假区西南端，犹如一片绿叶飘曳在丰腴辽阔的太湖之中。马山是一座历史悠久的江南名山，流传着吴王夫差胜越军的夫椒之战、秦始皇神马跃太湖的四个马蹄痕迹、唐玄奘赐禅小灵山等历史佳话。

举世瞩目的灵山大佛庄严屹立在小灵山的半山腰。大佛高 88 米，加上下面高度各为 4.5 米的 3 层座基，总高度达 101.5 米，是迄今世界上最大的巨型青铜佛像，共用青铜 700 余吨，佛体部分（不含莲花座）由 1 560 块 6～8 毫米厚的铜板焊接而成，焊缝总长度逾 30 公里。如此高耸入云的大佛，不但组装时不歪不扭，而且对抗风、防震、

灵山大佛

避雷和耐大气腐蚀等都有严格要求。这是现代科技与佛教文化艺术紧密结合的体现，反映出劳动人民的高超技艺。

灵山大佛的整体形象为双目垂视，眼神睿智，慈祥可亲。嘴角似笑而未笑，欲言而未语，令人倍觉亲切。靠近大佛向上仰视时，由于天空中有飘移的浮云陪衬，往往让人有佛在"动"的感觉。大佛身体各部匀称适度，衣饰褶纹明快流畅，飘逸灵动，远观近瞻皆宜，完全符合佛教界对佛像特定的"相好庄严"和"三十二相、八十种好"的准则。至此，北方（山西大同）云冈大佛、中原（河南洛阳）龙门大佛、西方（四川）乐山大佛、南方（香港大屿山）天坛大佛、东方（江苏无锡）灵山大佛这"五方五佛"信仰体系在神州大地形成完整格局。

灵山大佛脚下的四个第一，同样让人赞叹不已。神州第一鼎。大佛前的广场上，安放一座 8.8 米高的三足宝鼎，用铜 12 吨多。造型新颖，浮雕

精美，属青铜宝鼎中的上品。华夏第一壁。
门楼前的大照壁，长 39.8 米，高 7 米，最
厚 1.9 米，深浮雕青花岗岩拼块贴面。以
"唐僧赐禅小灵山"的故事为主题，两侧分
别刻有"重修祥符禅寺和建造灵山大佛的
缘起、始末"全文。照壁上还刻有上千尊
大小不一、形态各异的佛像和神像。天下
第一掌。安放在广场右侧的庞然大手，高
11.7 米，宽 5.5 米，手指直径达 1 米，铸
铜量 13 吨。外形和尺寸大小，和大佛的上
举"右手"完全一样。江南第一钟。悬挂
在祥符禅寺大雄宝殿向南左侧钟楼内的一

天下第一掌

口大铜钟，下口直径 2.5 米，高 3.5 米，重 12.8 吨。钟声一响，可绵延 3 分
钟之久。是迄今江南一带最大的青铜大钟。我们一行沿着 20 多米宽，500 级
花岗岩石板步级拾级而上，抵达大佛莲花座的平台，凭栏南眺，山下庙宇清
晰可见，青龙、白虎两山松竹苍翠欲滴，远处的太湖烟波浩渺。这里远离都
市的喧闹，别具一格的自然山水、历史文化和现代文明的整体特色，真正形
成了清净、神怡、锦绣的仙岛佛国花果山胜境，令人神往心醉。

（稿件来源：《广东建设报》，1999 年 3 月 20 日）

侏罗纪恐龙世界探幽

魏安能

闻说广州动物园新近落成的科普馆——侏罗纪恐龙世界，以现代科技的仿真，向观众展现了一个栩栩如生的恐龙世界。

秋天的一个周日，记者前往寻幽探秘。当表现身份后，该馆工作人员欣然引领。恐龙世界坐落在动物园南门绿树丛中，占地4 000多平方米，主体建筑3 000多平方米，按建筑自然层次分两个展区。

首层是20具仿真机器恐龙区，综合运用了现代光学、电子激光、外皮仿真等科学手段和人工置景的表现手法，把远古恐龙的生活情景活灵活现地展现在世人面前：小剑龙机灵地注视四周；暴龙欲贪一顿饱餐，不防甲龙使出尾槌重击的杀手锏，有些恼羞成怒；帆船龙虎视眈眈，狰狞地吼叫着；天堂龙饱餐后正在消化，显得悠然自得；三个异特龙嬉戏玩耍，其乐融融；长冠龙在蛋窝旁孵化，警惕地四处张望，守卫着即将出生的小生命；霸王龙在洞内探头探脑，呼之欲出；腕龙、马门溪龙、蜀龙则显得身躯庞大、笨拙；在大天井一角传来潺潺流水声，循声望去，在一片原始森林中静卧着苍老的三角龙，显出一副无奈的表情，似乎在留恋逝去的岁月……

侏罗纪恐龙世界正门

经历一番惊险而又神奇的旅程后，我们来到二楼展区。这里是小朋友的天地。陈列恐龙进化、分类、灭绝的文字和图样资料及世界各地的恐龙邮票。同时还可以欣赏卡通恐龙乐队娴熟的演技、恐龙合唱团诙谐的舞姿、恐龙盖章机的惟妙惟肖。小朋友还可以骑上恐龙模型的抬轿、推车、雪橇在庭院潇洒走一回。着实令小朋友欢呼雀跃，流连忘返。

正门上方的平台上，陈列着一具长 22 米、高 4 米的四川合川区发掘的马门溪龙骨架，是我国目前发掘的最大、最完整的恐龙化石骨架。大约生活在 1.45 亿年前的侏罗纪晚期。

"恐龙"的意思是"恐怖的蜥蜴"，是美国学者查德·欧文 1842 年最先提出来的。中国最早发现的恐龙是禄丰龙，出土于云南禄丰盆地，大约生活在三叠纪至侏罗纪早期。我国恐龙研究的奠基人杨钟健（1897—1979），对禄丰蜥龙动物群进行了系统发掘和研究，取得了丰硕成果，把中国恐龙研究水平提高到了世界领先行列。

科普馆林强副主任向记者介绍，侏罗纪恐龙世界是广州动物园与厦门（台湾）万象娱乐科技有限公司合作兴建，总投资 800 多万元，其中土建投资 180 多万元。由五华县第一建筑工程公司负责施工，外墙镶贴的"烟熏砖"专门从佛山定制，整座建筑外墙以褚红色为基调，显得别具一格，被有关部门评为优良工程。建设此馆旨在向观众展现远古恐龙的生存状况，从而增强人们对自身生存环境的热爱和保护意识，并给人以身心的愉悦和科学的启迪。

（稿件来源：《广东建设报》，1997 年 10 月 1 日；《广东建设经纬》，1998 年第 4 期。）

回味无穷"三道茶"

魏安能

近偕友人往昆明公干，一日结伴郊游云南民族村。民族村位于昆明市南郊的滇池之滨，距市区 8 公里，是展现云南 52 个民族社会文化风情的窗口。最使人流连的，当数欣赏大理白族"三道茶"文艺表演。

"三道茶"系采用苍山名茶配以乳扇、核桃仁、红糖、蜂蜜、生姜、花椒、肉桂等名贵中药，经分道烤制加工而成。据载，"三道茶"历史悠久，远在唐宋时期就是南诏大理国的宫廷茶点。当宫廷举行盛大庆典宴会时都要先上此茶，以示国王对来宾和大臣们的最高款待。后来流传民间，成了白族人民在喜庆佳节，接待贵宾时采用的最高礼仪。因此，有"不品三道茶等于没到白族村"之说。

在导游小姐引领下，我们一行来到"白族村三道茶楼"，穿过走廊、厅堂、天井，缓步登上用木建造的二楼棚面。待落座后，俏丽的白族姑娘为我们端上凉果之类的小食。在一个布置得小巧雅致的舞台上，漂亮的白族姑娘向远方来客道声：问安，祝福！随着音乐响起，开始表演竹杠舞、情人舞等白族传统舞蹈。舞姿时而跌宕粗犷，时而舒展柔曼，令人如醉如痴。其间依次上茶：第一道茶是苦茶，苦中带香，有提神醒脑功效；第二道茶是甜茶，甜而不腻，融品茶与滋补为一体；第三道茶为回味茶，风味别致，口感麻辣，具有温胃散寒，润肺祛痰之功效。每道茶的间隔时间约 5 分钟。品茶不宜大口喝，要小口轻呷，才能品出其中三昧。

"三道茶"讲究献茶姿态。当年轻貌美的白族姑娘，脸带微笑，迈着轻盈的步子，款款来到你面前时，她们双手执杯，高举过头，弯腰献茶，动作优雅大方，彬彬有礼。而这时，你要说声"谢谢"，以示尊敬。

品尝"三道茶"，可以欣赏到白族的喜庆歌舞，充分体味到白族文化的源远流长和苦尽甘来、其味无穷的人生哲理。

（稿件来源：《广东建设报》，1996 年 11 月 8 日；《梅州日报》，1997 年 2 月 9 日；《广东建设经纬》，1997 年第 8 期。）

人间正道是沧桑

——五华一建退休工人重阳郊游侧记

魏安能　李庆敦

重阳佳节，秋高气爽。五华一建公司组织健在的退休工人，进行重阳郊游活动。

是日上午，一辆旅游专车载着 35 位老工人，从县城出发，一路欢声笑语。他们首先参观了国庆剪影的县府广场、雄跨五华河和琴江河的五华大桥及琴江大桥、西线改造的环城公路等建设，然后驱车往北，来到距县城 27 公里的华城经济开发区。大家还观看了火车站、西湖区内的神游宫等旅游景点，随后参观了由该公司承建、引进意大利生产线的玻化厂耐磨地砖自动化生产车间和已经修复的古建筑长乐学宫大成殿。

这次郊游活动，年龄最大的 86 岁。他们都曾为企业的发展做出了不可磨灭的贡献。公司把他们当作宝贵财富，经常关心他们的生活，保障生活待遇；每年终召开座谈会，送慰问品和慰问金等；工人住院或病故，由工会出面，做好善后工作。

目睹该县日新月异的变化和公司在经济建设中取得的成就，老工人们兴趣盎然，感慨良多。78 岁高龄的周志芳，更是童心勃发，不能自已，即兴赋山歌一首："今日旅游乐融融，先祝大家身健康。共产党的恩情长，公司领导更周详。公司成立四六载，旅游观光头一遭……"富有浓郁乡情的五华客家山歌，表达了退休工人热爱祖国，热爱社会主义的心声。掌声此起彼伏，把郊游活动推向了高潮。

（稿件来源：《广东建设报》，1996 年 11 月 1 日。）

沁园春
贺五华一建六十华诞

欣逢公司花甲之年，目睹巨大变化，不胜感慨，填词一首，以志庆。
2010 年 11 月。

魏安能

春华秋实，　　　　　　改革潮流起涌动，

蓬荜生辉，　　　　　　励精图治与时俱进。

共襄盛会。　　　　　　数鲁班品牌，[注2]

忆峥嵘岁月，　　　　　独领风骚；

人拉肩扛；　　　　　　勤俭创新，

披星戴月，　　　　　　团结发展。

无悔年华，　　　　　　科技引领，

几经寒暑，　　　　　　营造精品，

坚韧不拔。　　　　　　安全责任重如山。

历史长河一瞬间，　　　齐努力，

筑广厦，　　　　　　　逢六十华诞，

创优兴业。[注1]　　　　再创辉煌！

[注1]：五华县商业局办公宿舍楼为梅州市首个全优工程（1980 年度），五华县政府六七号工程 1983 年全优工程。

[注2]：广州黄埔区政府综合大楼获 2000 年全国建筑工程鲁班奖，为梅州市首创。

共筑中国梦

魏安能

　　有梦想就有希望，有信心就有力量。每个人都有自己的梦想，因为有梦想，人生显得多彩；因为有梦想，生活变得甜蜜；因为有梦想，人民活得有尊严；因为有梦想，生命弥足珍贵；因为有梦想，社会彰显公平；因为有梦想，中国如此美丽！

　　实现中华民族伟大复兴的中国梦，必须走中国道路，弘扬中国精神，凝聚中国力量。只要有信心，黄土变成金。给力！加油！

　　（为建党九十二周年征集红段子。2013 年 4 月 18 日。）

第九篇

理论、探讨篇

　　秉承文明施工、安全生产的原则，本篇从建筑施工的安全性出发，展开有关方面的理论和实践的探讨。

建筑施工项目管理安全控制

魏安能

摘要：施工项目管理是实现质量、成本、工期和安全（即 QCDS）控制的四大预期目标。是衡量施工项目管理水平，使不安全的行为和状态减少或消除，不引发为事故，尤其是不引发使人受到伤害的事故，保证施工项目效益目标的实现。

关键词：安全控制　项目管理　心理调适　安全装置　人　物　环境

一、概述

项目安全控制是指项目经理对施工项目安全生产进行计划、组织、指挥、协调和监控的一系列活动，从而保证施工中的人身安全、设备安全、结构安全、财产安全和适宜的施工环境。

确保安全目标实现的前提是坚持"安全第一、预防为主"的方针，树立"以人为本、关爱生命"的思想，项目经理部应建立安全管理体系和安全生产责任制。专职（兼职）安全员应持证上岗，保证项目安全目标的实现。项目经理是项目安全生产的总负责人。

实行分包的项目，安全控制应由承包人全面负责，分包人向承包人负责，并服从承包人对施工现场的安全管理。

安全生产责任制应根据"管生产必须管安全"、"安全生产、人人有责"的原则，明确各级领导，各职能部门和各类人员在施工生产活动中应负的安全责任。这些人员包括：项目经理、项目技术负责人、安全员、施工员、作业队长、班组长、操作工人、分包人等。

事故的发生，是由于人的不安全行为（人的错误推测与错误行为），物的不安全状态，不良的环境和较差的管理（即事故的 4M 要素）。人、物、环境和管理四个因素是相互牵连的，其中的一个因素起变化，另外三个因素也就跟着变化。造成事故的直接原因是物的不安全状态和人的不安全行为的运动轨迹在一定的时空里发生交叉，并产生了超过人体承受能力的非正常能量转移。

从事故发生的过程看，要想不发生事故，针对事故构成 4M 要素，采取有效控制措施，消除潜在的危险因素（物的不安全状态）和使人不发生误判断、误操作（人的不安全行为），制订各项制度、进行安全教育、开展安全检查、编制安全措施计划等。

二、控制人的不安全行为

不安全行为与人的心理特征相违背，可能引起事故的发生。在生产中出现违章、违纪、冒险蛮干、把事情弄颠倒，没按要求或规定的时间操作，无意识动作等非理智行为等都是不安全行为的表现。

大部分工伤事故都是现场作业过程中发生的，施工现场作业是人、物、环境的直接交叉点，人为因素导致的事故占 80% 以上。人的行为是可控的又是难控的，人员安全管理是安全生产管理的重点、难点。因此，对施工现场的人和环境系统的可靠性，必须进行经常性的检查、分析、判断、调整、强化动态中的安全管理活动。

人员作业安全管理的核心是如何控制作业人员的不安全行为和如何保证作业过程的合理与规范。由于人的行为是由心理控制的，因此，要控制人的不安全行为应从调节人的心理状态、激励人的安全行为和加强管理等方面入手。

（一）安全心理调适法

心理品质包括一个人的感知感觉、思维、注意力、行为的协调连贯、反射、建立、反应能力等。这些素质都可通过教育培养得到提高：所以在培养人的全过程中，通过教育、职业训练、作风培养、体育锻炼、文化娱乐活动做好心理状态的转化工作。

安全生产管理中应引导员工学会控制自己的情绪，做到胜不骄，败不馁，遇到顺心的事，要乐而自恃，不能忘乎所以；遇到不顺心的事，要不为逆境所困，丢得开、放得下，及时解脱。只有保持良好的心理状态，才能具有充沛的精力、旺盛的斗志，才能减少工作中的失误，保证安全生产。

（二）奖惩控制法

精神激励是重要的激励手段，它通过满足员工的精神需求，在较高的层次上调动员工的安全生产积极性。企业的安全生产涉及每个人，要搞好安全生产也只有依靠大家，让员工参与各种安全活动过程，尊重他们，信任他们，让他们在不同层次和不同深度参与决策，吸收他们中的正确意见。通过参与，形成员工对安全生产的归属感、认同感。完成"要我安全"到"我要安全"最终到"我会安全"的质的转变。

强化劳动安全政策和规定及对违规者进行纪律惩处，是安全工作的重要组成部分，作业人员应当遵守安全施工的强制性标准、规章制度和操作规程，正确使用安全防护用具、施工机械设备等。作业人员不服从管理，违规冒险作业造成严重后果的，按照相关法规追究责任。

利用纪律的约束力，要求作业人员严格按照各种规章制度进行作业，杜绝违章指挥、违反劳动纪律现象的发生。纪律措施是预防性的，目的是为了提高员工遵守安全法规的自觉性，杜绝或减少违规行为，重点都是防范。

为使安全纪律发挥应有的效力，在制定员工奖惩纪律时，必须首先考虑与员工权利有关的问题，不能违背法律规定。对安全生产的好人好事进行奖励可采取评先进、给予奖金、树立榜样等。对违纪者的惩罚，可采取罚款、通报批评、警告等，奖励或惩罚应按公平、公正、公开、从重的原则进行处理。

（三）管理控制法

管理控制可采取政策规范的控制、安全生产权力的控制、团体压力作用等办法。

在施工活动过程中，项目部必须依法加强对建筑安全的管理，执行安全生产责任制，采取有效措施，防止伤亡和其他安全生产事故的发生。

政策与法规则是实施控制的重要方式，强调安全生产法规的宣传教育，使得人人知法规，就可以最大限度地减少那些由于不懂法规而导致的不安全行为。安全政策法规是人人必须遵守的行为规范，具有普遍约束力。要利用政策规范的作用控制人的不安全行为，就必须贯彻落实国家和各级政府有关安全的方针、政策、规章，建立、完善企业的安全生产管理规章制度，并加强监督检查，严格执行。

在项目部中应营造一种安全氛围，引导广大员工树立正确的安全价值观，自觉遵守安全操作规程，使安全要求转化为大家的行为准则。做到不伤害自己，不伤害别人，不被别人伤害。实现"三无"目标：个人无违章，岗位无隐患，班组无事故。

三、控制物的不安全状态

由于物的能量可能释放引起事故的状态，称为物的不安全状态。

生产系统是人—机—环境系统，系统中的任何一个环节出现故障都可引发故障。随着生产的发展和科学水平的提高，施工现场使用的设备也越来越多。因此消除设备（机械、设备、装置、工具、物料等）的不安全状态是确保安全生产的物质基础。

（一）设备的本质安全化

本质安全是指操作失误和设备出现故障时，设备能自动发现并自动消除，能确保人身和设备安全。

本质安全要求对人—机—环境系统做出完善的安全设计，使系统中物的安全性能和质量达到本质安全程度。本质安全化是建立在以物为中心的事故预防技术的理念之上，强调先进技术手段和物质条件，具有高度的可靠性和安全性，减少设备故障，提高设备利用率。

针对生产中物的不安全状态的形成与发展，在进行施工设计、工艺安排、施工组织与具体操作，新材料、新设备的推广应用时，采取有效的控制措施，正确判断物的具体不安全状态，控制其发展，保持物的良好状态和技术性能，对预防和消除事故，保障安全生产有现实意义。

（二）装设安全防护装置

安全防护装置是在设备性能结构中保证人机系统安全，而给主体设备设置的各种附加装置，是保证机械设备安全运转和保证在可能出现危险状态下保护人身安全的安全技术措施。如：隔离防护装置、连锁防护装置、超限保险装置、制动安全装置、监测控制与警示装置、防触电安全装置、保险装置等。

安全装置的作用是杜绝或减少机械设备在正常工作期间或故障状态下，甚至在操作失误情况下发生人身设备事故，防止机械危险部位引起伤害，操作者一旦进入危险工作状态时，能直接对操作者进行人身安全保护。

防止机械危险部位引起伤害：当设备处丁超限运行状态时，相应的安全装置（如超载限制器、限速器、限位开关、安全阀、熔断器等），就可以使设备卸载、卸压、降速或自动中断运行，避免事故发生。

对操作者进行人身安全保护：设备在正常运行时，有时人有意或无意地进入设备运行范围内的危险区域，有接触危险与有害因素而致伤的可能，通过安全启动及安全联锁装置来阻止进入危险区或从危险区将人体隔开而避免危险的发生。如防护罩、防护屏、防护栏栅等。还可通过监测仪器、自动报警装置提醒操作者注意危险。

（三）加强设备的安全管理

控制设备最终是人，设备的不安全状态可通过技术手段缓解和通过人的管理改善。设备的安全管理贯穿于整个设备的选择购置、安装调试、操作运行、维修停用等过程，主要包括设备的购置、安装、调试的安全审查与验收；安全操作规程规定；安全运行检查；维修保养、报废；安全检测、监控、检验和信息档案管理等。

我国的安全生产法规明确规定，生产经营单位不得使用国家明令淘汰、禁止使用的危及生产安全的工艺、设备。

项目部采购、租赁的安全防护用具、机械设备、施工机具及配件，必须具有生产（制造）许可证、产品合格证，并在进入施工现场前进行查验。在使用过程中，必须由专人管理，定期检查、维修和保养，建立资料档案，按国家规定及时报废。

施工单位应当自施工起重机械和整体提升脚手架、模板等自升式架设设施验收合格之日起三十日内，向建设行政主管部门或者其他有关部门登记，登记标志应当置于或者附着于该设备的显著位置。

四、改善作业环境

安全生产是树立以人为本的管理理念，保护弱势群体的重要体现，安全生产与文明施工是相辅相成的，建筑施工安全生产不但要保护职工的生命财产安全，同时要加强现场管理。在任何时间、季节和条件下施工，都必须给施工人员创造良好的环境和作业场所，改变脏、乱、差的面貌。生产作业环境中，湿度、温度、照明、振动、噪声、粉尘、有毒有害物质等，都会影响人的工作情绪，作业环境的优劣，直接关系到企业的品牌和形象。

作业环境管理的核心是如何保持作业环境的整洁有序与无毒无害，给作业人员创造一个良好的作业环境。在施工生产过程中，要及时发现、分析和消除作业环境中的各种事故隐患，努力提高施工人员的工作和生产条件，切实保障员工的安全与健康，防止安全事故的发生。

（一）施工平面布置

施工现场平面布置图是施工组织设计（方案）的重要组成部分，必须科学合理地规划、绘制施工现场平面布置图。在施工实施阶段，根据要求设置道路、组织排水，搭建临时设施堆放材料和设置机械设备、土方及建筑垃圾，砌筑围墙与设置入口位置等。做到分区明确，合理定位。

施工平面布置的总体要求是布置紧凑，充分利用场地，场内道路畅通，运输方便，减少二次搬运，在保证施工顺利的条件下，尽可能减少临时设施搭设，尽可能利用附近的原有建筑物作为临时设施，应便于工人生产和生活，办公用房、福利设施应在生活区内。平面布置图应符合防火治安、卫生防疫、环境保护和建设公害的要求。

（二）施工现场功能区划分

根据施工项目的要求，划分为作业区（辅助作业区）、材料堆放区和办公生活区。作业区与办公生活区分开设置，并保持安全距离。办公生活区应设置在建筑物坠落半径之外，应设置防护措施，划分隔离，以免人员误入危险区域。功能区的划分设置还应考虑交通、水电、消防和卫生、环保等因素。

在生活区内设置的办公会议室、值班室、宿舍、食堂、阅览室、保健室、厕所、淋浴室等应当符合《建筑施工现场环境与卫生标准》（JGJ146—2004）。不得在尚未竣工的建筑物内设置员工集体宿舍。

（三）安全警示标志

根据工程特点及施工的不同阶段，在危险部位有针对性地设置、悬挂明显的安全警示标志。能引起人们对不安全因素的注意，提高人们行为自主能力，具有提醒人们避开危险的功能。以形象而醒目的信息语言向人们表达安全信息，是为了提醒、警示进入施工现场的管理人员、作业人员和其他人员，要时刻认识到所处环境的危险性，随时保持清醒和警惕，避免事故发生。

危险部位主要是指施工现场入口处、施工起重机械、临时用电设施、脚手架、出入通道口、楼梯口、阳台口、电梯井口、桥梁口、隧道口、基坑边沿、爆破物及有害危险气体和液体存放处等危险部位。安全警示标志的类型、数量应当根据危险部位的性质不同，设置不同的安全警示标志。

根据《安全色》GB2893—1982 标准，安全色是表达安全信息含义的颜色，分为红、黄、蓝、绿四种颜色，分别表示禁止、警告、指令和指示。

根据《安全标志》GB2894—1996 标准，安全标志是表示特定信息的标志。由图形符号、安全色、几何图形（边框）或文字组成，安全标志分为禁止标志、警告标志、指令标志和提示标志。

（四）封闭管理

施工现场的作业条件差，不安全因素多，在作业过程中既容易伤害作业人员，也容易伤害现场以外的人员。因此，为了解决"扰民"和"民扰"的问题，施工现场采取封闭围挡，将施工现场与周围环境相隔离。

施工现场围挡应沿工地四周连续设置，不得留有缺口。围挡的材料应坚固、稳定、整洁、美观。宜选用砌体、金属板材等材料，不得使用布条、竹包或安全网，确保围挡的稳定性、安全性。围挡的高度应高于 1.8 米。工地进出大门应牢固美观，大门上应标有企业名称和企业标识，设置专职值班保卫人员。大门出口处应设置洗车槽，保证汽车干净上路。项目部工程技术管理人员、施工员、作业人员等，应当佩戴工作卡。

施工现场的进口处应有整齐明显的"五牌一图"：工程概况牌、管理人员名单及监督电话牌、消防保卫牌、安全生产牌、文明施工牌、施工现场总平面图。

五、安全生产的科学管理

建筑施工活动是一个劳动密集型行业，是在特定空间，进行人、财、物动态组合的过程。随着科学技术日新月异的发展，新材料、新技术、新工艺、新设备越来越多地应用于施工现场；需要大量有着高技术水平的劳动者，在保证安全生产的前提下，创造更大的经济效益。这就要求安全生产的科技水平和创新能力不断提高，将新的科技成果运用到安全生产实践中，提高安全生产水平，保障人员生命财产安全。在施工过程中需要运用先进的科学技术，减小劳动强度，提高劳动效率，减少甚至杜绝安全事故的发生。

为了保障安全生产，除要有先进的科学技术外，还必须具有先进的管理方法、严格的管理制度以及较高的劳动者素质。施工企业和工程项目部应当加强单位内部的管理，针对不同情况，采取科学的管理方式。要不断探索新的规律，总结管理的办法与经验，指导新形势变化后的管理。强化现场施工人员安全生产教育培训，将安全管理责任制落到实处，清除新的危险因素，使安全管理上升到新的高度，安全生产水平上一个台阶。

宏观的安全管理包括劳动保护、安全技术和工业卫生。

劳动保护侧重于政策、规范、规程、条例等形式，使劳动者得到应有的法律保障；安全技术侧重于安全技术规范、规定、操作规程、标准等，减少或消除对人的威胁；工业卫生着重于高温、粉尘、噪声、毒物的管理，防止劳动者受到有害因素的危害。

《建设工程安全生产管理条例》明确了施工企业的六项安全生产制度：安全生产责任制度、安全生产教育培训制度、专项施工方案专家论证审查制度、施工现场消防安全责任制度、意外伤害保险制度和生产安全事故应急救援制度。同时今年开始实施安全生产许可证制度和三类人员实行安全生产考核。表明我国安全生产管理正趋向法制化、规范化、科学化。

六、结语

随着社会化大生产的不断发展，劳动者在经营活动中的地位不断提高，人的生命价值也越来越受到重视。关心和维护从业人员的人身安全权利，是社会主义制度的本质要求，是实现安全生产的重要条件。

安全生产事关人民群众的生命财产安全，关系到国民经济持续发展和社会稳定的大局。是贯彻落实科学发展观，构建和谐社会，实现经济发展和社会全面进步的需要。没有安全的保障，便没有职工的高度积极性，就没有施工生产的高效益。因此，施工项目安全控制的任务是相当重的，是企业生产经营活动的重要组成部分，是一门综合性的系统科学，也是非常严肃细致的一项工作。

参考文献

［1］中华人民共和国建设部．中华人民共和国建设工程项目管理规范 GB/T50326—2001［M］．北京：中国建筑工业出版社，2002.3.

［2］李适时．中华人民共和国安全生产法释义［M］．北京：中国物价出版社，2002.7.

［3］国务院法制局农林城建司，建设部体改法规司，建筑业司．中华人民共和国建筑法释义［M］．北京：中国建筑工业出版社，1997.12.

［4］张穹．建设工程安全生产管理条例释义［M］．北京：中国物价出版

社，2004.1.

（稿件来源：《建筑安全》，2006 年第 2 期；《南方建筑》，2006 年第 6 期；《广州建筑业》，2006 年第 6 期。）

建立建筑施工安全保证体系的构想

魏安能

摘要：建筑施工生产的首要任务之一是确保安全。本文结合建筑施工安全轮训班的学习体会和多年的施工实践，论述了建立安全保证体系的构想，目的是实现安全生产，树立企业的形象和信誉，增强社会责任感。

关键词：安全体系　责任制　管理　教育　检查

一、概述

建筑业的生产活动具有周期长、体积大、流动分散、露天高处作业多、体力劳动强度大等特点。危险性大，不安全因素多，是事故多发行业，居全国各行业的第二位。

所谓安全是指人在建筑"实物"过程中的生命安全和身体健康，安全工作搞好了，施工人员能在安全舒适的环境中作业，自然会生产出优质产品。安全是工程质量的前提条件。而工程质量的好坏也是为了安全。低劣的工程质量，造成建筑物倒塌，那就直接威胁着人们的安全和健康。

施工生产要实现以经济效益为中心的工期、成本、质量、安全、文明、环保等相关的生产因素的有效控制。安全生产是施工项目重要的控制目标之一。

为了实现安全生产，确保施工顺利进行。除了必要的各项规章制度，必须建立健全安全保证体系，使安全管理制度化，规范化。

建筑施工安全保证体系包括建筑安全生产管理和施工现场安全管理两大部分。

二、建筑安全生产管理

《建筑法》第五章第三十六条指出：建筑工程安全生产管理必须坚持安全第一、预防为主的方针，建立健全安全生产的责任制和群防群治制度。

安全管理的中心问题，是保护生产活动中人的安全与健康，保证生产顺利进行。其范围主要包括：预防和消除工伤事故、职业病；保证施工生产的安全；实行作业标准化、工具化；组织安全点检；安全、合理地进行作业现场布置；推行安全操作资格确定制度；建立与完善安全生产制度；等等。同时还要考虑施工现场的周围环境及减少扰民问题。

（一）安全生产责任制

安全生产责任制是建筑生产中最基本的安全管理制度，是所有安全生产管理规章制度的核心。落实安全生产责任制，应当根据"管生产必须管安全"的原则，依靠科学管理和技术进步，加强对建筑安全生产的管理，采取有效措施，防止伤亡和其他事故的发生。

安全生产责任制包括行业主管部门的安全工作制度和各级领导分工负责的安全责任制；参与建筑活动各方的业主、监理、设计，特别是施工单位的安全责任制；还包括施工现场的项目经理、安全员和班组长的安全责任制。

在落实安全生产责任制的同时，还必须完善安全生产管理的基本制度。

1. 群防群治制度

"安全为了生产、生产必须安全"。缺乏全员的参与，安全管理不会有生气，不会出现好的效果，要充分发挥广大职工的积极性，加强群众性的监督检查工作，参与安全管理并承担责任。工会组织要在监督执行劳动安全法规，保障职工安全、健康的工作中发挥作用。

安全生产活动中必须坚持"四全"（全员、全过程、全方位、全天候）的动态管理。形成纵向到底横向到边、一环不漏、全员负责的安全管理体系。

2. 安全技术措施审查制度

安全技术是改善生产工艺，改进生产设备，控制生产因素不安全状态，预防与消除危险因素对人产生伤害的科学武器和有力手段。

为使操作人员充分理解方案的内容，减少失误，要把方案的设计思想、内容与要求，向作业人员进行充分交底，安全技术措施的内容应针对工程的特点做出不同的规定，对深基坑土方、脚手架、模板、垂直运输、起重吊装、临时用电、人工挖孔桩、拆除、爆破等危险性大的工程项目，应当编制专项安全施工组织设计。

单位工程和分部工程的安全设计方案，经审查、批准，即成为施工现场中生产因素流动与动态控制的唯一依据和纲领性文件。

3. 特种作业人员持证上岗制度

随着国家经济建设的发展，大量农村富余劳动力，以各种形式进入了施工现场，他们十分缺乏建筑安全知识。据有关部门统计，因工伤亡的农民占80%以上。

因此，对电工、焊工、架子工、搅拌机工、起重司索工、塔吊工等特殊工种人员和现场十大员工实行持证上岗制度是非常必要的。

广州市建委专门下达了《关于加强建设工地劳务工人安全教育的通知》，从今年7月1日起，凡进入广州市属建设工地作业的工人，必须持有《建设工地劳务工人安全知识考核合格证》上岗。同时对施工企业逐步实行安全资格认证。这对于提高安全意识有很大促进作用。

4. 意外伤害保险制度

意外伤害保险，是以集中起来的保险费建立起来的保险基金，对因有自然灾害或施工生产中发生的伤亡事故造成的经济损失给予补偿的一种制度。

建筑行业的职业病计有8类41种，从事施工操作的人，随时随地活动于高温、粉尘、噪声、毒物、高空等危险因素的范围之中。

建筑施工企业必须为从事危险作业的职工办理意外保险，支付保险费，保证劳动者的合法权益和社会的安定。

5. 伤亡事故报告制度

发生事故是违背人们意愿的事件，要以严肃、科学和实事求是的态度对待，坚持"三不放过"的原则。召开事故分析例会，看到事故的危害，消除心理上的创伤，激励安全生产动机。

企业接到事故报告后应迅速组织生产、技术、劳资、工会等有关人员抢救伤者和排除险情，并保护现场。成立事故调查组，分析原因，确立事故性质，写出事故调查报告，做好伤、亡工人家属的接待和安抚工作，取得谅解的协助。

发生事故后按照国务院第34号令，75号令和建设部第3号令的规定逐级上报。

（二）安全教育与培训

安全教育、培训包括智能、技能、意识三个阶段的教育，新工人入场前应完成三级安全教育，侧重安全知识、生产组织原则、生产环境、操作标准、纪律等方面，并将教育情况记录在安全教育记录卡上，以备检查。

安全生产教育培训工作是实现安全生产的一项重要基础工作，通过安全知识教育和技能训练，才能提高职工搞好安全生产的自觉性、积极性和创造性，增强人的安全意识，激励操作者自觉实行安全技能，获得完善化、自动化的行为方式。

（三）安全检查与监督

通过安全检查发现不安全行为，消除事故隐患，落实整改措施，改善劳动条件。安全检查的形式有普遍检查、专业检查、定期检查、突击性检查和季节性检查。主要内容是查思想、查制度、查管理、查现场、查隐患、查事故处理。定期安全检查周期宜控制在 10～15 天，班组必须坚持日检。

安全检查应坚持"三定"（定具体整改责任人、定解决与整改的具体措施、限定消除危险因素的整改时间）和不推不拖。

安全检查的依据是建设部《建筑施工安全检查标准》（JGJ55—1999）、《建筑施工安全工会检查标准》（建会字 2001 - 2 号），省建设厅《广东省建设工程施工安全评价管理办法（试行）》（粤建管字 2000 - 145 号）。

我国目前安全监督的管理体制主要有企业负责、行业管理、国家监督和群众监督四方面。

1. 企业负责

施工企业是以施工生产经营为主业的经济实体，以此获得利润，赢得信誉，扩大再生产，因此施工企业应当遵守有关环境保护和安全生产的法律、法规的规定，对本企业的安全生产负责。在计划、布置、检查、总结、评比的每一个环节都必须有安全内容。

2. 行业管理

各级建设行政主管部门根据本部门本地区行业特点，制定行业标准、操作规程等法规。如"安全检查标准"、"安全技术操作规程"、"评双优"、"安全评价"等，是加强行业管理的一种手段。

3. 国家监督

通过颁发政策、法律、法规，强化安全生产监督，如建筑法、劳动法、刑法、事故报告处理规定等。

4. 群众监督

要充分发挥工会的职能作用，保障职工的合法权益，要根据女工的生理特征，科学合理安排工种。

作业人员有权对影响人身健康的作业程序和作业条件提出改进意见，有权获得安全生产所需的防护用品，对危及生命安全和人身健康的行为有权提出批评、检举和控告。

三、施工现场安全管理

安全生产涉及施工现场所有的人、物和环境，凡是与生产有关的人、单位、机械设备设施、工具等都与安全生产有关。安全工作贯穿于施工生产的全过程，施工现场属于事故多发的作业现场。控制人的不安全行为和物的不安全状态，是施工现场安全管理的重点，也是预防与避免伤害事故，保证生产处于最佳安全状态的根本环节。

比如施工现场实行封闭管理，建筑物用密闭式安全网围栏。既保护作业人员的安全，又防止高处坠物伤人，减少扬尘外泄，起到保护环境、美化市容的作用。解决了"扰民"和"民扰"两个问题。

（一）组织管理

成立以项目经理为首的工地安全生产领导小组，工地现场设立工会安全办公室，各班组有兼职安全员，工地有专职安全员。项目经理是施工项目安全生产第一责任人，技术负责人是安全技术负责人，安全员是安全生产实施者，班组长为安全生产执行者。形成安全管理网络。

领导成员实行轮流安全值日制度，做好值日记录，根据《建筑施工安全检查标准》，强化检测手段，完善安全技术档案。

（二）技术管理

安全技术管理工作程序是：根据工程特点进行安全分析、评价、设计、制定对策、组织实施，进行信息反馈。

安全技术资料是业内管理的重要工作，根据《建筑施工安全检查标准》（JGJ59—1999）要求，单位工程安全技术资料管理包括：安全生产责任制、目标管理、施工组织设计、分部（分项）工程安全技术交底、安全检查、安全教育、班前安全活动、特种作业持证上岗、工伤事故处理和安全标志十项内容，并按各项内容整理，编码，装订成册。

（三）场地设施安全管理

平面布置合理，能满足指导安全施工的需要，符合安全、卫生、防火要求；材料分门别类码放整齐，要有标识；各种机电设备的安全装置和起重设备的限位、保险装置，都要齐全有效；脚手架、井字架（龙门架）、塔吊、施工电梯、模板和安全网等，经企业组织技术、安全、机械等人员验收合格后，方能使用；施工现场必须正确使用"三宝"、"四口、五临边"，易燃易爆场所、变压器周围应设置围栏和安全警告标志；消防、环境保护措施要落实。

（四）安全纪律管理

职工是企业的主体，是企业物质财富的创造者，搞好企业的安全生产，必须充分依靠广大职工。作业人员应当自觉遵守有关安全生产的法律、法规和建筑行业安全规章、规程。这是总结安全生产的经验教训，根据科学规律制定的，具有约束力，必须严格遵守。

按科学的作业标准规范人的行为，有利于控制人的不安全行为，减少失误。采取技术人员、管理人员、操作者三结合的方式制定技术、管理和工作标准，作业标准必须符合生产和作业环境的实际情况，考虑到人的身体运动特点和规律，使作业标准尽量减轻操作者的精神负担。

（五）文明施工

文明施工是现代化施工的一个重要标志，是施工企业各项管理水平的综合反映。假如施工现场脏、乱、差，野蛮施工，险象环生，会产生不良影响。因此文明施工也是预防安全事故，提高企业素质的综合手段。我省实行的创"双优"工地，是安全生产与文明施工有机的统一。

文明施工包括现场围挡封闭、施工场地、材料堆放、现场宿舍、环境卫生、消防治安、保建服务等工作内容。

工地大门口挂五牌一图：工程概况牌、管理人员名单及监督电话牌、消防保卫牌、安全生产牌、文明施工牌和施工现场平面图。

四、结束语

综上所述，建立建筑施工安全保证体系，健全完善各项管理制度，落实安全责任制，有效地控制不安全因素的发展与扩大，把可能发生的事故消灭在萌芽状态，以保证生产活动中人的安全健康，符合安全第一、预防为主的方针。体现了国家、政府和企业对在建筑工程安全生产过程中"以人为本"、保护劳动者权利、促进社会生产力、保护建筑生产的高度重视。

（稿件来源：《广州建设工程监督》，2002 年第 6 期；《建筑安全》，2005 年第 3 期。）

项目法施工经济核算体系初探

魏安能

　　项目法施工的经济核算体系是项目法施工的有机组成部分，是项目法施工从理论模式向可操作的管理办法过渡的重要环节。根据经济核算体系在项目法施工中的这种地位，在设计研究时应该坚持切实可行和简明具体、具有现实针对性的两条原则。

　　这种经济核算体系究竟是什么样的？它同我国施工企业传统的经济核算体系有何本质区别？这是我国施工管理领域普遍关注的问题。

一、项目法施工的经济核算体系与我国施工企业传统的经济核算体系

　　我国施工企业传统的经济核算是指 1979 年全国经济体制改革之前的经济核算体系，这种核算体系片面地强调施工企业的整体利益，缺乏对施工项目和生产要素管理部门独立利益的充分考虑，把所有的施工项目和生产要素管理经济活动放在施工企业的"大锅里"一起核算，形成了项目吃企业的大锅饭，生产要素管理部门吃企业大锅饭的核算体系。

　　项目法施工的经济核算体系一方面吸收了传统经济核算体系的有益经验；另一方面也对传统的经济核算体系进行了一系列深刻的变革。

　　（1）项目法施工改变了施工企业以固定建制单位为基点的传统经济核算体系，建立以施工项目为核心的核算体系。

　　（2）项目法施工打破了施工企业不分项目统一核算的传统做法，建立分项目独立核算的体系。

　　（3）项目法施工打破了把所有生产要素在施工企业内部分散管理、统一核算的传统办法，建立对生产要素集中统一管理的内部模拟市场，实行各生产要素管理部独立核算的体系。

　　（4）项目法施工改变了统包统揽的施工企业经营层核算体系，建立以经济责任制为核算体系的机制，使施工企业经营层把重心放在企业总体核算上。

二、项目法施工的经济核算体系的设想

施工项目经济核算是运用经济手段，对施工中的物化劳动和活劳动消耗进行分析研究，达到提高管理水平和经济效益的目的。它借助于价值形式，利用会计核算、统计核算、业务核算和经济活动分析等方法，对施工项目生产经营过程中各种劳动消耗、资金占用和财务成果进行精确计算、分析比较，以较少的劳动消耗和资金占用取得最佳的经济效果。从而，使资金得到合理使用，不断增加积累，扩大社会再生产。

（一）科学地确立独立核算的层次

这里所讲的独立核算层次是指相对施工企业独立核算的层次，主要包括三方面：

第一个层次是施工企业经营层。当然它首先应该注重的是施工企业的整体利益，需要掌握关于施工企业总体经济效益的经济核算资料。代表施工企业这种整体利益的经营层，应该独立地承担有关责、权、利的关系，所以需要有独立的经营核算层。

第二个层次是施工企业生产要素管理层。项目法施工要建立施工企业内部模拟市场，把各种生产要素集中在专职部门实行统一的管理，兼有职能管理的内部模拟市场卖方的双重作用。这样管理的目的就是为了促进生产要素在施工企业内合理流动，优化配置。这样的核算层主要包括材料部、设备动力部、劳务部、定额预算部等。

第三个层次是施工项目作业管理层。项目法施工要建立以施工项目为核心的企业管理制度，实现施工企业管理与施工项目管理的分离，打破项目吃企业大锅饭的传统做法，实行分项目落实责、权、利关系。这样把施工项目核算从施工企业核算中独立出来，推行分项目独立核算的制度。

（二）正确地处理各核算层次之间的关系

上述三个核算层次构成了项目法施工核算体系的有机整体，这三者之间的关系实际上集中体现了施工企业、企业内部模拟市场、施工项目的三方面关系。

首先，在项目法施工中，施工企业要以施工的项目为管理的基点和核心，以施工企业内部模拟市场为施工项目运行的载体与环境，通过对施工项目和施工生产要素的有效管理来实现施工企业的效益。施工项目管理层核算

是中心，企业内生产要素管理层核算是中心的依托，是施工企业经营层核算中心和依托的综合。

其次，施工企业经营层核算要以施工项目核算和生产要素管理核算为基础，它是在这两种核算基础上的集中、综合与提高。通过这种核算，有助于我们站在全局角度去思考问题，以实现企业总体优化。

第三，施工项目管理层和企业生产要素管理是施工企业内部模拟市场的买方与卖方，两者分别独立的核算体系是买卖关系成立的前提，其中一种核算制度是另一种核算制度有效运行的前提；如果有一方缺乏科学合理的独立核算，那么市场信息（价格、工资、利率等）就难以真正地反映价值规律和供求关系的影响。

第四，在施工企业，有关施工活动的一切效益最终都来源于施工项目的效益，施工企业只有高效地完成施工项目任务才能实现企业的目标。企业内部模拟市场的存在与发展事实上也取决于施工项目的存在与发展，所以施工项目管理层核算是其他两种核算的基点。

（三）建立健全各层次内部的核算体系

前面提出三个核算层次是站在施工企业的角度讲的，除了这三层核算，各生产要素管理部和施工项目内部还存在着各自的核算体系。例如在施工项目内部，可以建立班组或栋号等工作单位或工作单元为基础的核算体系；在各生产要素管理部内部，可以根据不同生产要素细类特征或管理单位进行核算，这种内部核算是形成项目管理层核算和生产要素管理部核算的基础。反映各内部核算体系的健全与否直接关系到项目法施工的三个核算层次。

（四）施工项目经济核算的内容

施工项目生产经营的最终成果表现形式为利润指标，它综合反映了施工项目各方面生产经营活动的经济效果和工作质量。施工项目经济核算内容主要包括：

（1）设计概算和施工预算的编制和比较。用"两算"对比，是项目管理中搞好经济核算经常采用的一种经济管理方法，也是成本控制的重要措施之一。

（2）内部承包核算、消耗核算和经济报酬核算。包括项目经理部与企业的项目承包责任核算、项目经理部内部承包核算等。

（3）分包任务核算与结算。分包的形式有材料设备供应分包、劳务分包工程分包，而其核算与结算的依据则是相应的分包合同。

（4）成本核算与分析。以项目为中心的成本核算是经济核算的主要内容。通过对施工生产活动中活劳动及物化劳动的消耗，进行计算、分析和检查，以减少或消灭浪费，取得盈利。

（5）资金利润核算。通过生产成果、财务成果和资金占用对比等资金核算，减少资金占用额，以便将节约下来的资金用于扩大再生产，发展国民经济。用公式表示：

$$流动比率 = 流动资产 \div 流动负债$$
$$速动比率 = 速动资产 \div 流动负债$$
$$资产负债率 = 负债总额 \div 总资产$$
$$企业利润总额 = 营业收入 + 投资净收益 + 营业外收支净额$$
$$资本金利润率 = 利润额 \div 资本金总额$$
$$销售利润率 = 利税总额 \div 销售额（工程结算收入）$$

（6）工程价款的结算。施工单位将已完工程按合同约定向建设单位结算工程价款，取得收入，以补偿施工过程中的消耗。

（7）统计核算。主要有：货币资金的核算、工资的核算、材料的核算、固定资产的核算等。

（五）施工项目经济核算的条件

经济核算是项目法施工最基础的管理工作，是其他工作的前提，需要良好的条件作保证。通常有外部条件和内部条件。

1. 外部条件

外部条件是指在施工企业进行经济核算前就已经存在或已经确定下来的制约经济核算的各种条件：

（1）定价方式。这是经济核算的先决条件，明确了定价方式才能制定出合适的核算指标。

（2）承包方式。承包方式不同，要求的合同类型和计价方法也不相同，从而导致核算的方法也不相同。

（3）价格状况。包括原材料价格、机械设备价格、人工工资价格以及其他相应的各种要素的价格等。

（4）政策法规。包括建筑法、合同法、定额法和国家的其他法律、法规、政策以及地方政府的文件、条例等。

2. 内部条件

内部条件是指施工企业本身的核算制度、指标体系等环境因素：

（1）基础工作。有关核算数据的收集、整理、分类、反馈等工作。

（2）核算制度。包括会计、统计、考核、分配、奖惩、责任、内部合同等制度。

（3）劳动定额。它是组织企业施工生产，考核劳动效率，确定职工工资、奖金和内部核算的重要依据，是提高劳动生产率的重要手段。

（4）指标体系和考核方法。建立科学合理的指标体系和考核方法，能够调动企业职工的积极性和责任心，有效地推动企业的发展。

三、建立项目施工核算体系，加快经营机制转换

项目法施工是一种新型的施工管理模式，内涵是很丰富的。所以建立完善项目法施工核算体系，加快经营机制转换，有以下优点：

一是建立内部模拟市场。通过引入市场机制来改变公司与项目之间的管理关系，直接向项目提供所需的服务。二是改革管理机构，弱化中间层次，把责权利统一起来，将公司的三级管理核算变为两级管理核算。三是优化了现场管理。把企业管理的基点移到项目，提高了现场管理人员的综合素质，逐步优化配置。四是强化成本管理。由于划小了核算单位，及时掌握经济动态，能真实地反映工程成本状况，促进了经济效益的提高。五是刺激了积极性。项目经理有权决定工资奖金的分配形式，从而激发员工多劳多得，体现公平合理、平等竞争原则。

综上所述，项目法施工的经济核算体系同项目法施工的改革相配合，做到简明、具体、现实。这样的一种核算体系正是我们所要求的经济核算体系，是完全符合前面所提出的建立项目法施工的经济核算体系的两种基本原则的。

注：本文获第五届梅州市自然科学优秀学术论文入选奖（1999 年 6 月）

（稿件来源：《广东工程造价信息》，1998 年第 8 期；《广州建筑业》，1999 年第 1 期；《广东建设报》，2000 年 6 月 10 日。）

广州内环路预应力连续箱梁施工与控制

魏安能

摘要：本文结合广州市内环路南田西（A2.18 标段）施工，阐述了后张拉预应力连续箱梁施工工艺技术、梁架支撑、工序控制等相关问题。

关键词：支架 砼浇筑 钢绞线 预应力张拉 工序控制

一、工程概况

广州市内环路南田西（A2.18 标段）全长 1 130.553 m（sbk3+000.000～sbk4+1130.553），分 a、b 主线钢筋混凝土高架桥，a 线标高 25 m，b 线标高 17 m，设

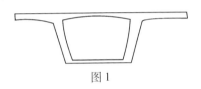

图1

有 A、B、C 三条匝道。基础为人工挖孔桩 132 根，墩柱 120 根。上部结构形式为现浇砼连续箱梁 104 跨、预应力现浇砼连续箱梁 12 跨、钢箱梁 3 跨。断面构造形式均为单箱（图1）。

设计主要技术参数：

荷载等级，汽车—超 20 级、挂车—100；车速 60km/h；桥面宽度单向主车道 11.3m；桥面横坡 $N=1.5\%$；抗震按地震烈度 7 度设防。

其中预应力箱梁分跨为：

sa12～sa15＝25 m＋33 m＋25 m＝83 m

sb12～sb15＝25 m＋33 m＋25 m＝83 m

sa41～sa44＝24 m＋32 m＋24 m＝80 m

A2～A5（匝道）＝23 m＋32 m＋25.5 m＝80.5 m

二、梁架支撑方案

本标段选用有支架现场浇筑施工，根据现场条件采用支柱式和梁支柱式两种（图2）。sa12～sa15 墩跨越宝岗大道，宝岗大道宽 36 m，其中两边各有 5 m 宽人行道，中间为行车道 26 m，双向 6 车道。地处居民密集区，车流量和人流量较大。必须保持 24 小时交通畅通，不能封闭施工。同时还要防

止物件坠落，确保人身和财产安全。这是本标段的控制重点之一。

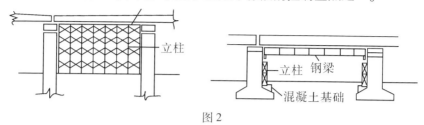

图2

预应力箱梁分跨为 25 m + 33 m + 25 m = 83 m；梁高 1.48 m，桥面板宽 11.3 m，箱梁底板宽 5.3 m；a 线地面至梁高度为 18.09 m、b 线地面至梁面高度为 10.82 m。

经计算箱梁体重 142.5kN/m，由临时万能杆件桁架支撑。

万能杆件桁架总长 31.4 m，共两组，断面为 2 m×2 m，上下弦均采用 4NIL120×10×120 杆件，竖杆为 2N4，斜杆为 2N5。

经计算桁架跨中 S_{max} = 36MPa < 140MPa，最大挠度 L_{max} = 1 mm。证明万能杆件桁架安全可靠。

采用贝雷支架作为主柱支撑，每两桁成一组，宽 2×0.45 = 0.9 m，两层重叠，连同砼基础。通车净空为 4.5 m（图3），有效地解决了交通堵塞问题。

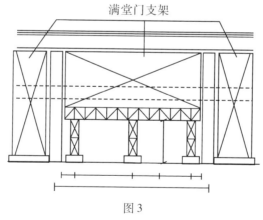

图3

桥架上用 30 槽钢，间距 0.6 m，作为分配梁。在分配梁上搭设门式支架。

靠 b 线侧在桥面直接用门式架满堂搭设。为了整体稳定，用 Φ8 钢管将门式架纵横联结。纵向每 2.4m 一个交叉，横向每排一个交叉。

其他分联和边跨不受交通疏导的限制，采用满堂腕扣式钢管 Φ48 支架（图2）。

三、主要施工工艺说明

1. 工艺流程

支底模、涂刷隔离剂→安装钢筋骨架、预埋件→支模→穿波纹管→浇筑砼→清孔→养护→预应力筋制备→穿束→灌浆→养护→起模。

2. 架主模扳

为确保梁体支撑的整体稳定性，梁底模纵横向肋木均采用 100 mm×100 mm×4 000 mm 方木，模板采用 $S = 14$ mm 宝丽板，板缝错，方向均严格要求，保证梁体光洁。按设计要求跨中最大预拱度 20 mm，按二次抛物线设置。

经验算，模板、方木压缩、门架式接头处压缩及弹性压缩、桁架弹性变形等总沉降量为 10 mm、梁体张拉后跨中上拱 10～15 mm。所以跨中底模预留拱度为 30 mm、1/4 L 处预留拱度为 22 mm。与实际挠度符合，主梁线型符合设计要求。

3. 扎筋、布置管道

预应力箱梁钢筋最大规格为 $\Phi16$，绑扎时箍筋标高要正确，穿波纹管时个别部位与钢筋相碰，会烧断钢筋。因此，当穿波纹管定位后，应加筋补强。

波纹管采用 Φ 内 = 80 mm、Φ 内 = 90 mm、19 mm×90 mm 三种规格。由于梁体的受力几乎全部由预应力承担，所以孔道位置必须严格按设计布置，并经监理师签证确认后才能浇筑砼，同时接头、锚垫板下都必须封堵严密，以防漏浆渗入。由于孔道较长且是曲线，因此在柱墩处，每管都要设置出气孔，以便孔道内压浆密实。

安装孔道内定位网钢筋允许偏差为：孔眼尺寸 0、+30 mm、纵向位置在平直段 ±50 mm、纵向位置在弯曲段 ±10 mm、标高 ±10 mm。

4. 灌注混凝土

预应力砼连续梁在支架上施工，其预应力筋可一次布置，集中张拉施工。每联各三跨分两个施工段，采取水平层施工法，每施工段分两次浇筑。第一次浇筑底板，待达到一定强度后再进行腹板施工；第二次浇筑顶板。为预防砼收缩产生裂纹，两次浇筑时间尽可能缩短，一般控制在 48 小时以内。

箱梁设计砼强度等级为 C50，要求达到 90% 时才允许张拉，为确保工期，结合现场条件，设计砼配合比时加早强型减水剂，一般在 20℃ 左右的气温下，3 天可达到 C50 的 90%。满足施工要求。

砼输送采用了目前广州市最高的砼泵送车 HBX100/3b 型，最大理论输送量为 100 m³/h，布料杆高度 36 m。

5. 预应力张拉

（1）锚具

锚具采用 OVM15-6.9.12，BM15-5 和 OVM15-P 系列夹片式，应符合工类锚具要求。OVM 系列锚具张拉时在千斤顶前端设有限位器，松顶时自动锚固，安全性能较好。

本工程采用高强低松弛钢绞线 Φ_j15、24，标准强度 R^b_Y = 1 860MPa，要求 1 000 小时松弛损失小于 2.5%。钢绞线下料按设计提供的长度，用切割机切断编束，每 2 m 用扎丝绑扎，分类编号，下垫方木，上搭雨篷保护。千斤顶与锚具安装见图 4。

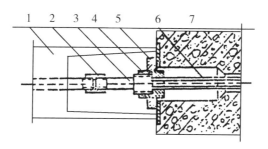

图 4 千斤顶与锚具安装示意

1—千斤顶；2—千斤顶工具螺母；3—工具拉杆；

4—锚杯；5—螺母；6—钢丝束；7—构件

（2）张拉顺序

张拉时采用 YCW-250、YCW-150 千斤顶配以 ZB4-500 高压电动油泵两端同时张拉。张拉时不宜过快，速度要平稳，步骤交替。

初始张拉：先将钢丝稍稍楔紧和对主油缸充油，并随时调整锚圈及千斤顶的位置，使钢丝受力均匀。当达到控制力的 10% 时，画线作为伸长量计算的起点。

分级张拉：至张拉控制应力后，测量两侧钢绞线的伸长量，并与理论值比较。为克服钢丝束与管道壁的摩阻力和减小滑丝损失，控制张拉过快，应按如下分级：

0—10% F—50% F—100% F—持荷 5 分钟—锚固（F 为设计张拉力）

控制应力：钢丝达到张拉控制应力时，保持油压 5 分钟，然后回到设计张拉力测出钢丝束的伸长量。总和同计算伸长量相比，相差超过 6% 以上时，应查明原因，再进行下一步工作。此时若油压读数有降值时，应立即补足读数才能退项。

顶压锚塞：张拉达到设计位置后即行顶压锚塞，顶压锚塞的力不低于张拉力的 60%。

退出油压、楔片，卸去张拉千斤顶，割去多余的钢丝，堵封钢丝间隙，管道压注水泥浆，封锚。

6. 管道压浆

（1）灰浆材料要求

选用 425# 普通硅酸盐水泥，水灰比 0.4～0.45，流动性14 s，拌和后 3h 泌水率控制在2%，水泥浆强度不低于梁体砼强度的 80%（40MPa）。灰浆采用机械搅拌，拌和时间 3～5min，随拌随用。

（2）压浆顺序

压浆前用手砂轮切割钢绞线，保证锚塞外长度 5 cm，制作窝头，待其强度达到 10MPa 以上方可压浆。后来由于工期紧，改用环氧树脂砂浆做窝头，3 小时左右可达到 10MPa。

压浆顺序先下部管道，后上部管道。压浆从箱梁的一端向另一端，逐步升压，缓慢均匀地进行，应排气畅通，待箱梁另一端冒出浓浆后用木塞将出浆孔封堵后，继续加压，待排气孔也冒出浓浆后，用木塞封堵，再继续加压至 0.5～0.8MPa，持压 30 min，停止压浆，立即用木塞封闭浆孔。若发现排气孔内水泥浆不满时，可用人工往排气孔内灌浆，直到灌满为止。

压浆应连续进行，中途不能间断，每条管道一次灌成。如因故半途停顿，应立即用高压水冲洗掉已灌入管道的灰浆，然后再重新压浆。

四、主要工序控制

由于本工程技术工艺要求高和施工环境条件的限制，加上工期紧迫（总工期 8 个多月）。针对本工程特点，对主要工序实行重点控制。

1. 支架监测

支架虽是临时结构，但主要承受桥梁的大部分荷重，因此必须有足够的强度、刚度，保证浇筑的顺利进行。根据设计方案对桁架间距、步距、支点、连接梢、夹扣、方木等构件逐一检查，确保万无一失。

为防止支架在受荷后有变形和挠度，在安装前进行充分的计算，并在安装支架时设置预拱度。

梁体进行张拉时，作用于梁端的力为 42 174kN，这样梁体会被压缩，悬臂端向下挠。因此，悬臂端处梁架必须非常牢固，作为主要支点控制。

地面设置 Tc 2002 全站仪，对浇筑砼实行全过程监测。在支架上跨中，支座处分别设有观测点，每 20min 观看一次位置沉降度，每项超过 10 mm 就应停止施工，并采取加固措施。

2. 砼施工过程

由于箱梁结构钢筋密集，尤其是预应力部分难于振捣。特别是波纹管用 0.35 mm 镀锌钢带压波后卷制而成，振捣砼时振动棒不能直接作用于管，以防将波纹管振裂漏浆。因此除使用 $\Phi 50$ 插入式棒外，再配备了 3 台 $\Phi 30$ 插入式棒，锚垫板下侧用钢筋插捣。尤其是孔道弯折处的预埋管，一定要加固，防止在振捣砼时预埋管向上移位，保证孔道位置准确。

3. 张拉过程

张拉千斤顶在使用前必须校正准确，每台千斤顶大缸配标准压力表一块，小缸配普通压力表一块（因是自锚，表只是相当于堵塞阀门）。压力表精确度不低于 1.5 级。

千斤顶校正系数：$K < 1.02$ 时按 1.02 取用；$K > 1.02$ 时按实际取用；$K > 1.05$ 时不能使用，应拆修。（$K = $ 理论计算压力 N/实际压力 N_1）校正周期为 2 个月。

张拉千斤顶后端严禁站人，操作人员应精心操作，密切配合，同步给压。螺丝端杆的螺母要随时拧紧，检查夹具是否锚牢，以免钢丝滑脱伤人。随时检查高压油管，如发现扭结现象，应及时卸压处理。

张拉时应保持螺丝端杆、千斤顶与管道对中良好，并认真测量预应力筋的张拉伸长值，实测张拉伸长值与伸长计算值的差值，控制在 +5% ~ 10% 的范围内。

4. 预防堵管

公路《规范》允许浇筑前先穿钢绞线进波纹管，最怕的是钢绞线在某处因波纹管漏浆而被锁死，查找位置比较困难，且张拉时因受力不均易拉断。因此，在砼初凝前要反复抽动钢绞线，待砼浇筑 4h 后，确认钢绞线没被锁死方可停止。

铺放波纹管之前，逐根检查管内有无杂物，如有铁屑等杂物应清理干净。铺入波纹管时用钢筋支架固定，支架间距 0.8～1 m。波纹管的连接头用大两号的波纹管作套管，套管长度 200 mm，其内径比波纹管内径大 1 mm，接头两端用密封胶带封口。

五、结束语

实践证明，采用在支架上就地浇筑施工，桥梁整体性好，施工简便可靠，结构在施工中不出现体系转换的问题，不引起恒载徐变 2 次矩，不足的是需要大量施工脚手架，施工周期较长，对支架构造要求高，而且对钢筋加工、模板制作、预应力筋的组索和砼浇筑等，要有足够的施工场地和场内运输道。

在本段施工中，项目部能针对现场施工环境和工程特点，采取合理布局、优化方案，均衡组织施工。较好地解决了上述不足之处，使工程迅速而有条不紊地进行。质量、安全、工期得到有效保证。这无疑会给我公司今后市政建设和类似工程带来有益的借鉴经验。

参考文献

［1］范文础．预应力混凝土续梁桥［M］．北京：人民交通出版社，1996.

（稿件来源：《广东勘察设计》，2002 年第 3 期。）

建立项目法施工质量体系的构想

魏安能

摘要： 项目法施工的实质是通过对生产诸要素的优化配置与动态管理，实现合同目标，提高综合经济效益的一种科学管理模式。为使施工活动全过程能正常运行，必须建立质量保证体系。

质量体系

质量体系是指为实施质量管理，由组织结构、职责、程序、过程和资源构成的有机整体。

质量体系按 ISO8402—91 解释，具有三个特征：能满足质量目标的需要、满足内部管理的需要、满足合同评价的需要。

质量体系、质量管理体系、质量保证体系是一回事。只不过它们所处的环境不同，要求不同，对象不同，采用的标准也不同。质量体系应该包括质量管理体系和质量保证体系。

质量管理体系

按照 ISO9004 所建立的质量管理体系是内部的质量体系，它的对象是企业，所处的环境是非合同环境。其要素的基本内容有：

（一）领导的职责

这是决定一个企业能否建立完善的质量体系，并保证质量体系有效运行的一个关键性要素。

（二）质量体系结构

一般包括责任和权限、组织结构、资源和人员、工作程序四个方面。

1. 责任和权限

责任和权限是规定质量活动之间的组织和协调，使之能按期望的效果达到规定的质量目标。

2. 组织结构

组织结构应包括工程产品质量的全过程。从纵向看，应是公司、分公司、工程处（工程队）、项目部、班组；从横向看，公司各部门之间、分公司之间、工程处之间、项目部之间、班组之间如何配合、衔接。

3. 资源和人员

资源和人员对工程产品质量起着主导作用。

4. 工作程序

工作程序包括管理标准、规章制度、操作规程、施工规范、验评标准、施工方法以及其他质量管理活动制度等。

（三）工程招投（议）标

这是施工企业的工程产品质量环中的一个重要环节。

（四）质量成本与文件

质量成本是企业总成本的一部分。质量文件包括有关文件的标记、收集、编目、归档、存储、保管、收回和处理的办法。它是工程产品质量水平和企业质量体系中各项质量活动的客观反映。

（五）工程质量的检验与验收

这是确定施工生产的质量是否符合设计要求和验评标准的活动过程。分为工序检验、分项工程检验、分部工程检验和单位工程检验等四个阶段。质保资料是反映工程质量内在情况的见证性材料。因此，质保资料必须齐全。质保资料的整理应根据建筑单位工程六个分部、安装工程四个分部来进行。

（六）群众性的管理活动（QC小组）

为使企业的质量方针和目标得以实施和实现，必须使企业全体员工明白其中的意义，要调动一切积极因素，献计献策，自觉地投身于质量管理中。其类型有现场型、攻关型、管理型和厂长经理型等。

质量保证体系

质量保证体系主要是在合同条件下，施工企业根据建设单位或用户的要求来建立的。实际上是从管理体系中抽出若干要素建立的，它的对象是产品，所处的环境是合同环境。施工企业可选择ISO9002标准，来建立外部的质量保证体系。

（一）施工准备

施工企业在某项工程中标后，按设计图纸及标书的要求和建设单位签订工程施工合同。在此基础上，需要做好图纸会审、编制施工组织设计（方案）和技术交底工作。

1. 图纸会审

在建设单位主持下，召集设计、施工及有关部门对工程设计图纸在施工前进行一次审核，从中查找存在的问题，使设计更趋完善。

2. 施工组织设计

施工组织设计是将工程设计蓝图变为指导施工的文字。

3. 技术交底

组织参与施工的人员了解工程的特点、工艺要求等。

（二）工序质量控制

一个单位工程包括若干分项工程，应采取工序管理点的方法，对工序中的关键部位进行重点防范。工序质量控制应确定比标准略高的"内控"指标，工序管理的实质是检验把关和实施预防相结合。

（三）施工人员的素质要求

为完成质量目标，项目经理部应定期对职工进行施工技术业务和质量管理的培训，提高人的工作质量和自身素质，使人员达到优化配置。

（四）对原材料和构配件的要求

对进入现场的各种材料、构配件应有专人验收，要有合格证、检测报告等。

（五）对"两块"、"两比"的质量要求

混凝土试块和砂浆砌块（"两块"）、混凝土设计配合比和砌筑砂浆设计配合比（"两比"），是工程结构的重要环节，应严格按照设计要求设计级配标准，做到既符合设计要求，又消耗最省。

（六）隐蔽工程的质量要求

隐蔽工程的质量要求主要包括基础的地质、地基基础、钢筋绑扎和焊接、电管预埋、给排水管预埋、铁件预埋等，是施工中的特殊工程，应由建设、设计、质监、监理、施工等单位共同进行，办好签证手续，存档保存，并对该项工程质量评定等级。

（七）对现场文明施工的质量要求

现场文明施工反映了施工企业的素质和管理能力的高低。如果施工工地脏、乱、差，其工程质量水平是可想而知的。

（八）竣工后服务

这是工程产品质量实现的最后一个环节，直接影响到企业的信誉。施工企业要有良好的职业道德，本着为用户服务的思想，处处为用户着想。比如提供有关资料、回访保修、向用户征求意见等，便于今后施工借鉴，不断改进。我省现行的工程竣工验收后 1 年内保修，并预留 5% 的保修款，此办法较好。

（稿件来源：《广东建设报》，1997 年 1 月 7 日；《广东建设经纬》，1996 年第 12 期；《广州建筑业》，1998 年第 5 期。）

混凝土泵送技术在工程中的应用

魏安能

随着我国经济建设的发展，高层框架结构逐年增多，混凝土需用量较大。混凝土泵送技术工艺的出现较好地解决了垂直和水平运输的不利方面，可直接将混凝土输送到浇筑点。这样大大缩短了混凝土的中途停留时间，使混凝土处于流动状态。不会造成离析、胶结不黏等质量通病，有效地保证混凝土的强度等级。尤其在市内施工，场地狭窄，用塔式起重机和快速升降机输送，要有足够的占地才能满足施工需要。而用混凝土泵送正好解决了这一矛盾，因而得到广泛应用。

由五华一建承建的广州市越秀北路89号综合楼，在本公司内首次采用混凝土泵送技术，确保了质量和安全，促进了文明施工，收到明显效果。

一、技术工艺概况

混凝土泵是沿水平、垂直管道输送混凝土的一种专用机械。当把混凝土卸入混凝土泵的料斗内，用混凝土泵与布料装置的联合作用就能直接把混凝土输送到所需的工作面。这样，混凝土的运输就不需要任何人工，实现了机械化，能连续进行作业。混凝土泵采用开式油路设计，配用水冷形式冷却主油路液压油。独立液压元件集中安放，维修方便简单。内装式液压油缸和每次行程自动补油装置，有利于至行程终端时起缓冲作用。采用压力补偿的变量油泵，可调节泵送量，适应不同坍落度的混凝土及配合搅拌站的供料速度要求。在高层泵送时，应使用 $\Phi 125$ mm 管，管壁厚 7 mm。小直径管能承受较高的压力，并便于搬迁。从泵机到垂直管道外的距离是垂直管道的 1/4 或 1/3。地面管道应加一截止阀。垂直向下泵送混凝土，先装好第一节水平管道，其长度为垂直管道总长的 30%。向下泵送时，水平夹角应小于 12°。

二、施工方案确定

越秀北路89号综合楼地处广州闹市中心，三面紧邻住宅区，外边墙距离只有3米多，与前面立交桥相距不足3米。该工程框架结构19层（其中地下室 1 层），建筑面积 24 159 平方米，土建造价约 3 500 万元。1994 年 6 月进场，进行前期拆迁和土方开挖，同年 12 月正式开挖工程桩。原设计两种方案：A. 用塔式起重机结合快速升降机施工；B. 用混凝土输送泵结合快速升降机施工。几经比较、论证，临设用地不足 150 平方米，不能满足 A 方案。最后确定用 B 方案。

选用湖北建筑机械厂 HBT60 型固定（拖式）混凝土输送泵，混凝土由广州市建安混凝土有限公司提供。

流水段划分：地下室剪力墙→桩承台→底板→9 层框架（后座）→19 层框架（前座）自下而上，逐层逐段流水作业。从 1995 年 6 月至 1995 年 12 月，完成了上述工作内容，共现浇混凝土 7 480 多立方米。

三、主要优点分析

（1）能有效地保证工程质量。因为各混凝土搅拌站都经过主管部门严格资审，自身有一套完整机构。该工程地下室和主体结构经质监部门核准为优良工程。

（2）有利于散装水泥的推广，减少环境和噪声污染，做到施工不扰民，深受四邻居民好评。

（3）减少场地占用，解决闹市施工场地狭窄的矛盾。若现场拌制混凝土仅材料堆放最少需占地 200 多平方米。

（4）有利于文明施工。由于现场无需搭设水泥仓库，无大量砂石堆放，避免了尘土飞扬，保持场容整洁。

（5）能减小劳动强度，实现安全生产。中间省去了诸多人拉肩扛的传统工序，可节省劳力 50%。该工程进场以来杜绝了重伤事故。

（6）缩短了施工工期。按原方案为 9 天 1 层，现在缩短到 7 天 1 层。比原计划提前 1 个月封顶。

四、需要注意的问题

通过越秀北路 89 号综合楼施工，我们体会到为使泵送混凝土顺利施工，尽可能地减少因机械故障而发生的停工现象，需要注意解决如下问题：

（1）由于混凝土泵作业具有机械化程度高的特点，因此，现场施工人员应具有较高的技术熟练程度。

（2）主要参数的确定。包括混凝土的泵送量、混凝土泵的泵送压力（因计算公式较繁，本文只作提示）。

（3）为使混凝土在泵送管内能顺利流动，必须合理设计可泵性好的混凝土配合比。

（4）泵送混凝土时还必须考虑满足水泥浆用量以润滑泵送管道，克服管道摩擦阻力，避免碎石颗粒挤紧、卡死而导致堵塞。

（5）使用混凝土输送泵与其他机械不同，除了泵机本身可能出现故障外，外部原因引起的故障也较多。因此，只有靠现场使用的实践经验和对泵机性能的深入了解，才能迅速找出故障的真正原因，如通常出现不能泵送的故障原因主要有：电器、液压油路、机械部件、输送管堵塞等问题。

实践证实，混凝土泵作业具有机械化程度高，能加快施工进度，所需劳力少，劳动强度低等优点，已得到广泛应用。但是泵送混凝土对现场工程技术人员和施工人员的技术熟练程度要求高，对混凝土配合比（包括所用材料质量、品种）、水泥用量、坍落度等均有严格要求。同时，还应使混凝土具有良好的和易性（即大的流动性和好的黏聚性），才不至于引起管道堵塞。这是施工中最常遇到的难题之一。需要在施工实践中总结提高，不断改进，也需要有关部门制定一个规范、规程或工法不断完善。

注：本文获第五届梅州市自然科学优秀学术论文三等奖（1999 年 6 月）。

（稿件来源：《广东建设报》，1996 年 9 月 6 日；《中外建筑》，1998 年第 5 期；《广东建设经纬》，1996 年第 9 期。）

关于施工项目质量管理的浅见

魏安能

在社会主义市场经济条件下，施工企业如何完善施工项目质量管理，研究解决对策，提高建筑产品质量，以适应建立现代企业制度的需要。结合施工实践，将本人的浅见综述如下。

一、施工项目质量管理概论

1. 质量

随着生产的发展和人们认识能力的不断提高，逐渐扩展和完善质量的概念，认为质量是指产品、过程或服务满足规定要求和标准的一切特征的总和。其包括三方面的涵义：

A. 产品质量。即产品的使用价值，是指产品能够满足国家建设和人民需要所具备的自然属性。一般包括产品的适用性、可靠性、安全性、经济性和使用寿命等。

B. 工序质量。是指生产中人、机器、材料、方法和环境等因素综合起作用的加工过程的质量。它表示生产过程能稳定生产合格产品的一种能力。

C. 工作质量。是指企业为了达到产品质量标准所做的管理工作、组织工作和技术工作的效率和水平。它包括经营决策工作质量和现场执行工作质量。

产品质量是企业生产的最终成果，它取决于工序质量，工作质量则是工序质量、产品质量和经济效益的保证和基础。提高产品质量，必须努力提高工作质量，以工作质量来保证和提高产品质量。工作质量是由人的因素决定的，所以全面质量管理提出了质量管理的首要任务是提高人的素质。

2. 质量管理

我国《质量名词术语》（试行草案）对质量管理下的定义是：为保证和提高产品或工程质量的调查、计划、组织、协调、检查、处理及信息反馈等各项活动的总称。主要包括制定质量标准、质量管理的组织系统、进行工序管理、质量问题的分析处理、质量保证体系等内容。

187

我国从 1977 年开始推行全面质量管理，取得了比较好的效果，创造出一套中国式的建筑工程全面质量管理系统。把"质量第一"的思想具体化，树立"为用户服务"和"下一道工序就是用户"的行动。提倡"三反三负责"的责任制度和谁施工谁负责质量的原则。"三反"（思想上的低标准、管理上的坏作风、操作上的老毛病）、"三负责"（前一班为后一班负责、上一道工序为下一道工序负责、全公司对用户负责）。同时前几年开展的创全优工程竞赛活动、近年来的优良样板工程、鲁班奖等活动，对强化质量管理，保证工程质量，提高市场竞争能力有很大的促进作用。

笔者所在公司近年来在强化全面质量管理方面，采取了一系列措施：从总公司到分公司直至各项目部、作业班组形成一个质安管理网络体系，有计划地开展质量攻关活动；编制了一套技术管理制度、质量管理制度和原材料检验制度；定期或不定期举办技术讲座，抓好岗位培训工作，去年在穗举办了高层建筑施工技术交流会；在工程项目整体施工中，坚持把"基础和主体结构经得起查、内外装修经得起看、交付竣工后经得起用"作为考核工程质量的主要依据；引入激励机制，质量与效益挂钩，优良工程按收取管理费的 2% 奖励，优良样板工程按工程总造价的 5‰ 奖励；改变过去的质量抽检为全面检查，分部分项工程的实测、目测检查为全方位评定质量，大力消灭质量通病等。由于管理工作落在实处，公司工程质量稳步上升。

二、施工项目的质量保证

建筑工程，从勘察设计到土建、安装、装饰、验收等共有 19 个环节，只要有一个环节出了毛病，就会影响工程质量。所以，建立质量保证体系尤为重要。质量保证分为基础工作和质量保证体系两大部分。

1. 基础工作

A. 学习掌握施工及验收的规范、章程。国家颁布的《建筑安装工程质量检验评定标准》（GBJ300—1988）、现行建筑施工规范和地方主管部门颁布的有关工程质量的法规文件。

B. 推行施工作业的标准化。施工作业标准化是组织现代化生产的重要手段，是科学管理的重要组成部分，是达到理想效果的必要前提。

C. 严格试验、检验制度。这是保证工程质量的重要保证措施。对原材料、半成品、成品、构配件以及新产品的试制和新技术的推广，需预先检验。

D. 建立各个环节的质量管理责任制。项目经理部为实现质量目标，各业务部门必须在全面质量管理中严格履行质量责任制。

2. 保证体系

A. 准备阶段。认真学习设计文件，做好图纸会审，编制施工组织设计方案，明确质量目标。

B. 实施阶段。严格按设计图纸和施工规范组织施工，加强管理人员技术责任，完善操作工人的工序管理，做好技术交底工作。特别对基础和隐蔽工程严格执行验收签证手续。始终把质量目标管理贯穿施工全过程，质量重担人人挑，个个肩上有指标。

C. 动态控制。目前较有成效的做法是质量保证体系和经理责任制、经济责任制以及科技进步、职工培训等工作。针对施工战线长、点多分散和流动性大等特点，实行动态管理，可以将质量信息传递、反馈分类处理。

D. QC 小组。以工人、干部和技术人员三结合组成，采用"PDCA"（计划、实施、检查、处理）循环的方法，开展质量管理活动。推行 ISO9000 国际标准。使质量管理逐步实现标准化、现代化、国际化。

E. 立法手段。各级政府的工程质量监督检查站，实行工程师监理制度，等等。

F. 此外，过去施工企业开展的防治质量通病措施以及推行多年的"三检制"（自检、互检、专业检）都是带有中国特色的行之有效的手段和措施。

（稿件来源：《广东建设报》，1995 年 12 月 8 日。）

对人工挖孔桩有关问题的探讨

魏安能

　　人工挖孔桩是近年来兴起的建筑施工工艺，它具有造价低、噪声污染少等优点，受到普遍采用。由于人工挖孔桩要穿透大量流砂、溶洞、淤泥层，有的流砂层达 4～6 米，加上地下水的作用，无疑增加了施工难度。现以越秀北路 89 号综合楼人工挖孔桩的实例，谈一些体会。

一、工程概况

　　该工程位于广州市越秀北路 83～89 号，框架 19 层（含地下室 1 层），总建筑面积 23 300 平方米（其中地下室 2 200 平方米），分前后两大部分，前面主楼 19 层，后面 9 层住宅。人工挖挡土桩 170 ϕ1.2 米，砼 C20；人工挖工程桩 69 根（其中 49ϕ1.2 米、5ϕ1.4 米、6ϕ1.6 米、9ϕ1.8 米），砼 C25。入岩深度大于 50 厘米，单桩承载力 2 000～15 800 kN 不等。护壁 C20。

　　地质表面约 3 米为冲积淤泥质黏土层，以下为全风化泥质粉砂岩、流砂层、中风化和微风化粉砂岩层。由于紧邻珠江，表面 0.8～1 米，即为地下水，流砂层较多。

二、施工组织实施

　　（1）由项目经理部对施工整个过程进行组织、协调、指挥，与各班组实行垂直领导，确保施工正常运转。

　　（2）强化质安意识，确定"三个服从"，即：进度与质量发生矛盾时服从质量，效率与质量发生矛盾时服从质量，效益与质量发生矛盾时服从质量。做到道道工序有检查，总体质量有保证。

　　（3）施工现场可供临设用地不足 150 平方米，故钢筋只能在 6 公里外的场地加工，运至现场焊接、安装，运输过程中应保护好构件。

　　（4）护壁施工取定 1 米，如遇流砂层时采用 0.5 米。

　　（5）钢筋笼外径比设计孔径小 14 厘米，主筋净保护层 7 厘米，在护壁上部固定钢筋笼，防止灌砼时往上冒。

（6）电葫芦、吊笼等必须是合格的机械设备，有保险装置，当开挖深度超过 5 米时，每天应进行有毒气体和氧气浓度的检测，桩间净距小于 4.5 米时，间隔开挖。

（7）具体有关细则按广东省《建筑地基基础施工及验收规程》（DBJ15—201—91）和现行有关规范执行。

三、人工挖孔桩的常见故障和处理方法

（1）地下水。这是最常遇到的问题，尤其兼有地下室的工程。越秀北路 89 号综合楼据地质资料显示，原地下河在此经过，属冲积层地带，开挖至 1 米深时几乎是一片水塘。我们在四周设置排水沟，把水引至集水井内，配备 4 台潜水泵，不断往外排水，把水位控制在满足施工范围内。对因抽水可能危及的邻房，事先采取了加固措施，密排挡土桩，随时注意观察。

（2）流砂层、坍孔。据现场完成 69 根工程桩分析，K 轴 17# ～ 19#，H 轴 19#，J 轴 19# 流砂层较严重，深度 5 ～ 6 米，如果处理不当，极易发生坍孔，危及人身安全。我们采用 ϕ 12 毫米米钢筋，间距 15 ～ 20 厘米，沿孔壁插入，再加模板、稻草等填充物以阻止流砂量，按 50 厘米分层捣制护壁。

护壁成孔完成后，因受土层挤压作用，会发生坍孔，因此，应及时灌注桩芯砼。

（3）砼强度等级。现场多用搅拌机拌制砼，用人力车运至桩位点灌注，容易产生离析、粗糙、骨料分布不均、胶结不紧密等通病。因此我们对砂、石、水泥认真过磅，掌握好拌制时间，由专职人员顶班带岗，坍落度按 8 ～ 10 厘米控制。用漏槽及串筒离工作面 2 米以内下落，用插入式震动器和人工插实相结合的方法，振捣密实，有效地保证了工程质量。

四、几点体会

（1）通过对该工程人工挖孔桩施工，我认为在地质资料中，除土层、流砂、淤泥和溶洞的分层情况外，尚应尽可能将地下水探明，因为地下水的流量和水压对成孔护壁有决定性的影响。

（2）由于每个探孔所代表的范围小，很难较全面反映地质实貌，因此，在施工过程中实际情况与设计不符时，应及时与设计单位和甲方单位配合，

研究对策。

（3）对于深层流砂、淤泥等，根据现场实际制定对策，是可以解决的。除上述方法外，也可采用"草袋黏土包"抛填、钢护筒等方法。

（4）人工挖孔桩受自身工艺局限，无疑会增加劳动强度和安全管理的不利因素，但它具有施工的灵活性和无噪声污染的有利一面。近年广州市建委对人工挖孔桩进行专业队伍资审，随着科学技术的发展，这一矛盾是能得到解决的。

（稿件来源：《广东建设报》，1995 年 9 月 12 日。）

后 记

今年是我的退休年、本命年、花甲年。正是：桑榆晚霞情未了，青山绿水夕照红。童心未泯再续梦，临老还学鹧鸪啼！

某日，清理文件书籍，翻出了沉睡多年已经泛黄的稿件。粗略统计，有120篇之多，分别刊登在二十多家新闻媒体上，主要在1993年至2009年期间发表，尤以《广东建设报》、《广东建设经纬》和《广州建筑业》居多。

期间，我兼任这三家报刊的记者、通讯员。个别文章，多家转载。如《西汉南越王墓的石雕艺术》一文，分别在《南方日报》、《广州文博》等11家报刊上转载。

面对这些不起眼的"小不点"，弃之可惜。我突发奇想，不如结集成册，过把瘾，秀一回，权当茶余饭后读物，馈赠亲朋，不时翻阅，孤芳自赏，怡情养性，亦是乐趣。也算是自我工作的回顾、展示。

素材有了，得给个书名，不能粗俗，不能哗众取宠，要与内容篇章吻合。匠事，工匠、木匠、石匠，一切匠人，能工巧匠的人和事，普通而平凡的事；随笔，不经意间、随意间，抒发情感、表达思想……于是，就有了《匠事随笔》。

《匠事随笔》一书能顺利出版，感谢德高望重的老上级、广东省建设委员会原主任陈之泉先生，欣然为本书作序；感谢中共五华县委常委、常务副县长温浩泉先生；五华县住房和城乡规划建设局局长周铁伟先生等领导都给予热切关注、指导。

特别感恩广东五华一建工程有限公司。我自1975年始，一直在此工作、生活、学习，不偏不倚，始终如一，受益匪浅；亦非常眷恋与师兄弟们、师傅们朝夕相处的美好时光，其中饱含酸甜苦辣、欢喜愉悦。虽然清贫，但我们亲密无间，都从农村来，纯朴乐观，无甚奢望；在那里，我度过了青春年华，度过了学徒期，学会了很多东西，懂得要有吃苦耐劳的坚韧品格，懂得劳动者的辛劳，懂得做人的道理，懂得人生的价值。多年的浸染我从中得到磨砺、历练、升华；是组织的信任、教育、培养，使我从一个泥腿子成为高级工程师、国家注册一级建造师，并加入了中国共产党，实现了一个又一个梦想……每当回首那些充满激情的岁月，恍如就在昨天，挥之不去，如烙印般终生不忘。

《匠事随笔》一书，从整理文稿到编辑出版，始终得到公司董事长、总经理曾炽宏先生的关心支持；公司副总李伟方先生对本书出版寄予厚望。使我备受鼓舞，增强信心。

历尽沧桑不寻常，一路坎坷一路歌。明年是公司六十五周年华诞，目睹公司巨大变化，质的飞跃，今非昔比，成为梅州市建筑行业的佼佼者。我为一建人感到骄傲，感到自豪，感到欣慰！习近平总书记提出中华民族伟大复兴的"两个百年"梦。作为一建人，应当大力弘扬社会主义核心价值观，传递正能量，为实现"企业百年"梦而努力！

感谢在成长路上对我关心厚爱的李妙新先生、李兆凤先生、李汉泉先生、陈日先先生、李吉庆先生、周煌权先生等老领导，恕不一一在列。并祝他们颐养天年，健康长寿！

特别鸣谢为本书出版给予大力支持的：广州市蕴丰实业投资有限公司董事长魏标辉先生，广州市得利达实业发展有限公司董事长魏如清先生，广州开发区雄兴实业公司总经理曾桓雄先生，中青冠岳科技（北京）有限公司董事长魏顺玉先生，深圳市世耀实业有限公司董事长李国林先生，深圳市恒裕泰实业有限公司董事长魏军添先生，广东新裕丰投资发展有限公司董事长魏勇能先生，广东凯越建筑工程有限公司、乐昌市瑜丰置业有限公司董事长李成开先生，广东高强矿业发展有限公司总经理邓志强先生，广东开元实业有限公司董事长宋永强先生；企业家谢志莽先生、朱镜文先生、李文珍先生、陈裕堂先生、李良金先生、黄果林先生、黄海先生。

感谢为本书出版做出贡献的昔日同事、同行及亲朋好友！

由于本人才疏学浅、班门弄斧，书中文章为早年草就，时过境迁。文中观点、理论带有时代性、局限性。与日益发展的科学技术和生产力水平相比，存在明显的差距和不足。期望有识之士给予包涵、赐教、斧正！

追忆老领导陈琦先生、杨泗寿先生！

缅怀英年早逝的吴振雄先生、李庆敦先生！

魏安能

2014 年 10 月于广州龙洞